“十三五”职业教育系列教材

C语言程序设计（案例式教程）

C YUYAN CHENGXU SHEJI (ANLISHI JIAOCHENG)

主　编　苏　静　王欣香
副主编　王守顺　鞠永胜　王建立
参　编　刘子政　傅桂兴　武际花
　　　　王文卿　刘　明
主　审　房　华

中国电力出版社
CHINA ELECTRIC POWER PRESS

内 容 提 要

本书为“十三五”职业教育系列教材。本书共9章，分别介绍了C语言程序设计基础、顺序结构程序设计、选择结构程序设计、循环结构程序设计、函数、数组、指针、结构体与共同体、位运算与文件，每章都给出了本章小结和课后习题。本书内容丰富、概念清晰，由浅入深，易于初学者理解和学习。每个知识点都配有典型例题进行强化，易于知识的深入理解与消化。

本书可作为高职高专院校相关专业C语言程序设计的教材，也可以作为计算机相关工程技术人员、计算机爱好者及自学人员的参考书。

图书在版编目（CIP）数据

C语言程序设计：案例式教程/苏静，王欣香主编.—北京：中国电力出版社，2020.6（2024.7重印）

“十三五”职业教育规划教材

ISBN 978-7-5198-3851-5

Ⅰ.①C… Ⅱ.①苏…②王… Ⅲ.①C语言－程序设计－职业教育－教材 Ⅳ.①TP312.8

中国版本图书馆CIP数据核字（2019）第254136号

出版发行：中国电力出版社
地　　址：北京市东城区北京站西街19号（邮政编码100005）
网　　址：http://www.cepp.sgcc.com.cn
责任编辑：周巧玲
责任校对：黄　蓓　李　楠
装帧设计：郝晓燕
责任印制：吴　迪

印　　刷：三河市航远印刷有限公司
版　　次：2020年6月第一版
印　　次：2024年7月北京第六次印刷
开　　本：787毫米×1092毫米　16开本
印　　张：15
字　　数：361千字
定　　价：45.00元

前　言

C语言是国内外应用广泛、具有影响力的计算机语言之一，用于编写系统软件和应用软件，在电子、计算机、通信、人工智能、嵌入式等领域都有深入应用。鉴于C语言在市场上的优越地位，各大高校都将C语言作为程序设计的基础语言。

当前，高等职业教育改革在不断地推进，教学模式、教学方法在不断地创新，根据国家对高职高专教育的最新要求，编者对C语言教材进行认真研究、准确定位，突出高职特色，力求编写出一本教育理念先进、知识全面、应用性强、体系得当、通俗易懂的教材，以利于培养技术应用型人才的需要。本书适合高职高专院校使用，也可以作为计算机相关工程技术人员、计算机爱好者及自学人员的参考书。

本书采用项目驱动、案例教学方法的编写，把典型案例、实际项目作为教学切入点，首先是案例分析与实现，然后引入案例所需知识点与关联知识点，最后进行知识拓展。

本书主要共9章，分别介绍了C语言程序设计基础、顺序结构程序设计、选择结构程序设计、循环结构程序设计、函数、数组、指针、结构体与共同体、位运算与文件。本书内容丰富、概念清晰，由浅入深，易于初学者理解和学习。每个知识点都配有典型例题进行强化，易于知识的深入理解与消化。每章的后面给出了本章小结和课后习题，便于学生总结复习、检查学习效果和巩固学习内容。

全书由山东科技职业学院苏静、王欣香任主编，王守顺、鞠永胜、王建立任副主编。本书编写分工如下：苏静、王守顺编写第一、二章，鞠永胜、王建立编写第三、四章，王欣香、傅桂兴编写第五、六章，刘子政、武际花编写第七、八章，王文卿、刘明编写第九章，全书由苏静统稿。

本书由山东交通职业学院房华教授主审。本书在编写过程中得到了许多同仁的支持和帮助，在此一并表示最真诚的谢意！

由于编者水平所限，书中难免存在疏漏和不妥之处，恳请广大读者批评指正。

编者
2019.10

目　　录

第一章　C语言程序设计基础

内容概述

本章从创建和运行一个C语言程序入手，结合案例详细介绍C程序的基本结构、C语言程序在VC++6.0下的编辑、编译、连接、运行过程，使大家对C程序开发设计有初步的认识；程序运行中，有时候需要从外部设备（例如键盘）上得到一些原始数据，程序运行结束后，通常要把运行结果发送到外部设备（例如显示器）上，以便对结果进行分析。本章将详细介绍输入、输出函数的使用方法，对数据进行输入和输出控制，为进一步学习C语言程序设计打下基础。

知识目标

初识C程序；
了解C编译软件；
了解C程序的执行过程；
掌握C程序构成的框架；
掌握主函数和文件包含的概念；
掌握输入、输出函数的使用。

能力目标

能够正常启动和退出VC++ 6.0，创建和打开文件；
能够编写输出字符串的程序；
能够打开一段程序，修改、调试和运行程序；
能够找到并允许可执行文件；
能够处理程序运行中的异常情况。

案例一　创建和运行一个C语言程序

案例分析与实现

案例描述：

编写C程序，在屏幕上显示一行文字——“我的第一个C程序!”。

案例分析：

本案例要求在屏幕上显示一行文字，需要调用标准输出库函数 printf() 实现信息输出。

案例实现代码：

```
# include<stdio. h>                  //预处理命令
void main()                          //主函数
{
printf("我的第一个 C 程序！\n");     //输出语句,"\n"为换行
}
```

程序运行结果如图 1-1 所示。

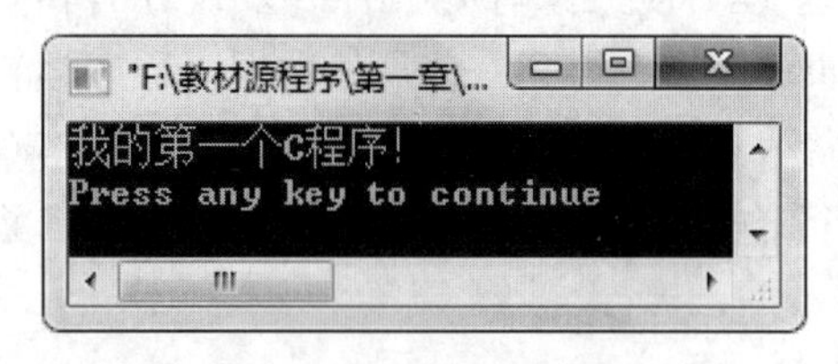

图 1-1　案例一程序运行结果

这个案例介绍了一个 C 源程序的基本结构和书写格式。C 语言的源程序的主要构成成分是函数。一个 C 语言源程序文件一般由多个函数组成，但是其中有且只有一个 main 函数。程序的运行都是从系统调用 main 函数开始的。C 语言源程序的次要构成成分是编译预处理命令、注释（每一行右半部以//开始的内容，或以/* 开始，以*/结束的内容）和声明。在正式进行编译之前，编译预处理程序将根据源程序中的编译预处理命令对源程序文件进行一些辅助性的文本插入（# include 命令）、替换（# define 命令）和编辑工作。编译预处理命令都是以“#”开始，不以分号结束。每条编译预处理命令必须书写在同一行上。printf 函数的功能是把要输出的内容送到显示器去显示。printf 函数是一个由系统定义的标准函数，可在程序中直接调用，但使用时需在程序开头添加预编译命令“# include <stdio. h> ”。

相关知识：C 程序设计基础

一、 程序与程序设计语言

1. 程序

解决一个实际问题需要按照具体步骤完成，对完成过程的描述就称为程序。在计算机中，程序是指导计算机执行某个功能或功能组合的一组指令。每一条指令都让计算机执行完成一个具体的操作，一个程序所规定的操作全部执行完毕后，就能产生计算结果。

2. 程序设计语言

人与计算机交流时需要使用计算机能够理解的语言，这些语言称为程序设计语言。一种程序设计语言能够准确地定义计算机所需要使用的数据，并能精确定义在不同情况下所应当采取的操作。程序设计语言种类繁多，按照使用的方式和功能可分为：机器语言、汇编语言等低级语言和面向过程对象的高级语言。

机器语言（machine language）是直接用二进制编码指令表示的计算机语言，就是机器

指令的集合，它与计算机同时诞生属于第一代计算机语言，其指令是由0和1组成的一串代码，有一定的位数，并被分成若干段，各段的编码表示不同的含义。

汇编语言（assembly language）也是面向机器的程序设计语言。在汇编语言中，用助记符（memoni）代替操作码，用地址符号（symbol）或标号（label）代替地址码。所以这种用符号代替机器语言的二进制码的计算机语言也被称为符号语言。

高级语言的语法和结构更类似普通英文，更关键的是不依赖于特定计算机的结构与指令系统，用同一种高级语言编写的源程序，一般可以在不同计算机上运行而获得同一结果，与计算机的硬件结构没有多大关系。

高级语言完全采用了符号化的描述形式，用类似自然语言的形式描述对问题的处理过程，使得程序员可以认真分析问题的求解过程，不需要了解和关心计算机的内部结构和硬件细节，更易于被人们理解和接受。目前常用的高级语言有Java、C、Pascal等。高级语言不能被计算机直接识别，需要专用软件转换为机器语言，才能在计算机上运行。

二、C语言的结构

1. C语言的结构

一个完整的C程序应符合以下几点：

（1）C程序是以函数为基本单位，整个程序由函数组成。一个较完整的程序大致由包含文件（一组＃include＜＊.h＞语句）、用户函数说明部分、全局变量定义、主函数和若干子函数组成。在主函数和子函数中又包括局部变量定义、程序体等，其中主函数是一个特殊的函数，一个完整的C程序至少要有一个且仅有一个主函数，它是程序启动时的唯一入口。除主函数外，C程序还可包含若干其他C标准库函数和用户自定义的函数。这种函数结构的特点使C语言便于实现模块化的程序结构。

（2）在main（）之前的一行称为预处理命令。预处理命令还有其他几种，这里的include称为文件包含命令，其意义是把尖括号＜＞或引号" "内指定的文件包含到本程序来，成为本程序的一部分。被包含的文件通常是由系统提供的，其扩展名为.h。因此也称为头文件或首部文件。C语言的头文件中包括了各个标准库函数的函数原型。因此，凡是在程序中调用一个库函数时，都必须包含该函数原型所在的头文件。在“我的第一个C程序!”案例中，使用了库函数“printf函数”，因此在程序的主函数前用include命令包含了stdio.h文件。

（3）函数是由函数说明和函数体两部分组成。函数说明部分包括对函数名、函数类型、形式参数等的定义和说明；函数体包括对变量的定义和执行程序两部分，由一系列语句和注释组成。整个函数体由一对花括号括起来。

（4）语句是由一些基本字符和定义符按照C语言的语法规定组成的，每个语句以分号结束。

（5）C程序的书写格式是自由的。一个语句可写在一行上，也可分写在多行内。一行内可以写一个语句，也可写多个语句。注释内容可以单独写在一行上，也可以写在C语句的右面。

（6）一个C语言源程序可以由一个或多个源文件组成。

（7）每个源文件可由一个或多个函数组成。

（8）注释部分为以//开始的内容，或以/*开始，以*/结束的内容，注释部分允许出现在程序中的任何位置。注释部分只是用于阅读，对程序的运行不起作用。使用注释是编程人员的良好习惯，也是重要的交流工具。

（9）C语言本身不提供输入/输出语句，输入/输出的操作是通过调用库函数（scanf、printf）完成。

2. 书写程序时应遵循的规则

从书写清晰，便于阅读、理解、维护的角度出发，在书写程序时应遵循以下规则：

（1）一个说明或一个语句占一行。

（2）用｛｝括起来的部分通常表示程序的某一层次结构。｛｝一般与该结构语句的第一个字母对齐，并单独占一行。

（3）低一层次的语句或说明可比高一层次的语句或说明缩进若干格后书写，以便看起来更加清晰，增加程序的可读性。在编程时应力求遵循这些规则，以养成良好的编程风格。

三、C语言程序的开发过程

一个源程序文件只是可以存储，并不能运行。因为计算机并不认识源程序中的语句。要让机器直接执行，还要将它翻译成机器可以直接辨认并可以执行的机器语言程序。对于C语言程序来说，这一过程一般分为4个步骤。

（1）编辑源程序。编辑源程序，就是用高级语言书写源程序。源程序的编辑要在编辑器中进行。编辑器具有字符的修改、添加等功能。编辑好的源程序，可以先以源程序文件的形式保存起来。C语言源程序的文件名后缀为.c。

（2）编译。编译就是把用C语言描述的程序翻译成计算机可以直接理解并执行的机器语言命令组成的程序。C语言的编译过程分为两个阶段：首先是编译预处理，系统要先扫描程序，处理所有预处理命令，如把文件包含命令要求的文件包含（嵌入）到程序中；然后才开始编译，编译后得到的文件称为目标文件。目标文件就是用机器语言描述的文件。C语言的目标文件的后缀为.obj。目标文件的主文件名，一般与源程序文件名相同。在编译过程中，还要对源程序中的语法和逻辑结构进行检查。程序在编译过程中，也可能发现错误。这时要重新进入编辑器进行编辑。

（3）链接。链接是将与当前程序有关的、已经有的几个目标模块链接在一起，形成一个完整的程序代码文件。经正确链接所生成的文件才是可执行文件。可执行文件的文件名后缀为.exe。程序在链接过程中，也可能发现错误。这时也要重新进入编辑器进行编辑。

（4）执行。链接后得到的可执行文件名，对操作系统来说，相当于一条命令。在操作系统提供的命令界面上打入这个命令，就可以开始执行这个程序。

从确定C程序算法开始编写代码到上机运行得到结果，C语言程序的开发过程如图1-2所示。

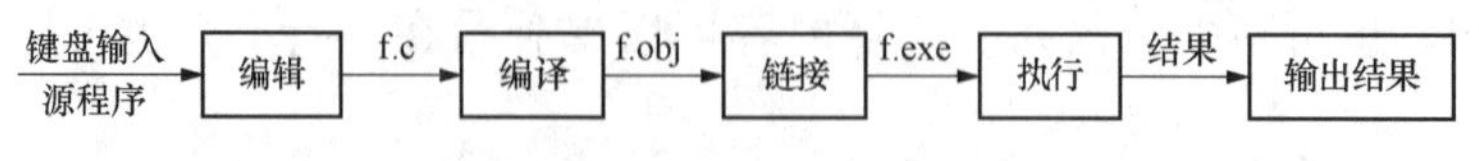

图1-2 C语言程序处理流程

四、 运行环境与开发工具

1. Visual C＋＋ 6.0 的概述

Visual C＋＋ 6.0 是运行于 Windows 操作系统中的交互式、可视化集成开发软件，它是在 Windows 环境下进行大型软件开发的首选编程语言，同其他可视化开发软件一样，Visual C＋＋ 6.0 集程序的代码编辑、编译、连接、调试等功能于一体，为编程人员提供了一个既完整又方便的开发环境。Visual C＋＋ 6.0 是 C＋＋程序默认的编译器，因为 C＋＋是在 C 语言基础上产生的，所以这类编译程序也兼容了对 C 语言的编译和运行。

2. Visual C＋＋ 6.0 的使用

（1）启动 Visual C＋＋ 6.0。运行 Visual C＋＋ 6.0 后的界面如图 1 - 3 所示。

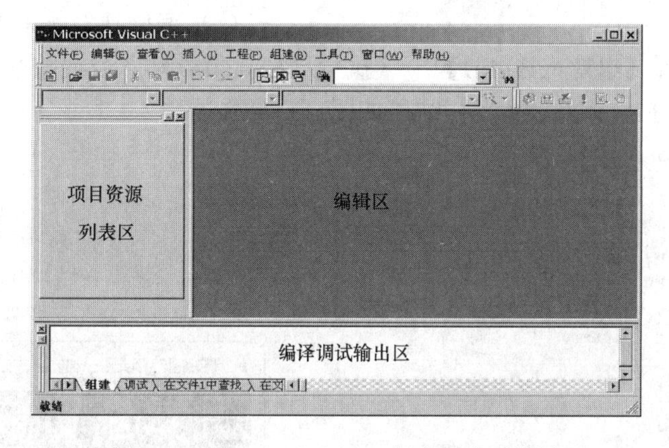

图 1 - 3　Visual C＋＋ 6.0 集成开发环境界面

（2）创建工程。选择【文件（File)】｜【新建（New)】菜单命令或按下快捷键（Ctrl＋N)，则弹出新建（New）对话框中的工程（Project）选项卡，如图 1 - 4 所示。

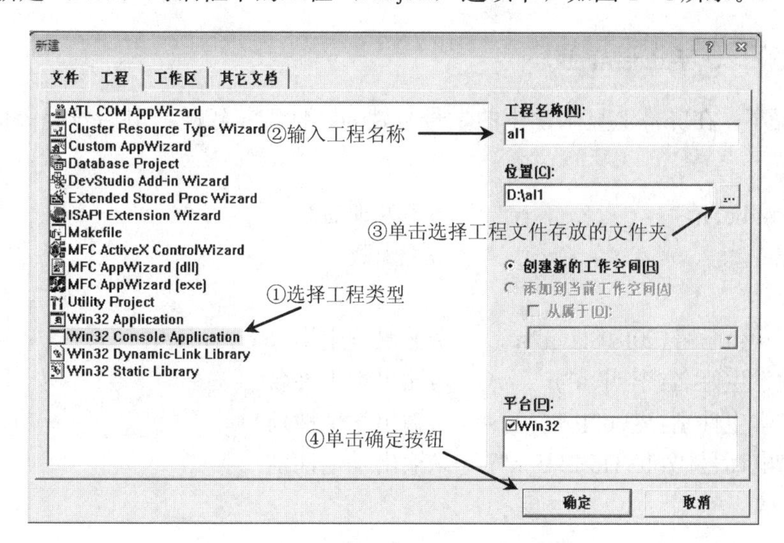

图 1 - 4　工程（Project）选项卡

在图 1-4 中选中创建新的工作空间单选按钮，表示要创建新的工作空间。单击“确定”按钮，弹出图 1-5 所示的向导对话框，用来确定框架代码的生成。

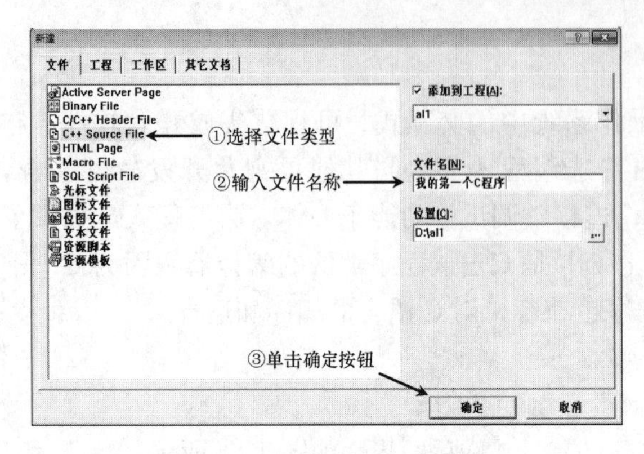

图 1-5 文件（Files）选项卡

在接下来弹出的对话框中，分别单击“完成”和“确定”按钮，完成工程创建。

（3）C 源文件的创建。再次选择【文件（File)】|【新建（New)】命令或按快捷键（Ctrl＋N)，则再次弹出新建（New）对话框，此时显示的是文件（Files）选项卡，如图 1-5 所示。

单击“确定”按钮后，Visual C＋＋ 6.0 的编辑器自动打开新建的 C 语言源文件，等待输入。

（4）编译执行源程序。在编辑区输入案例 1 程序后，选择【组建（Build)】|【执行（Execute)】命令或按快捷键（Ctrl＋F5)，编译执行程序，如图 1-6 所示。运行结果如图1-7 所示。

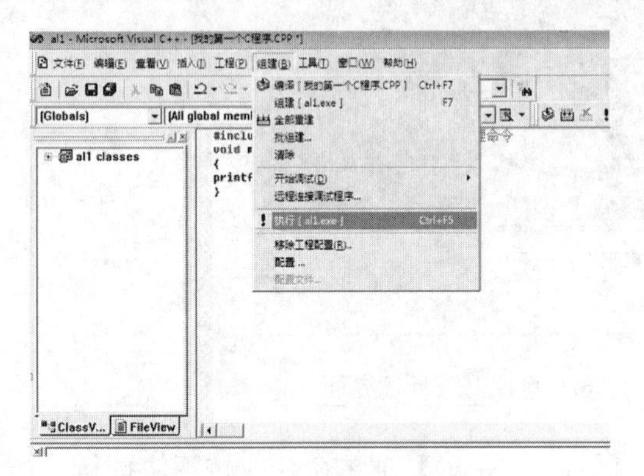

图 1-6 编译执行源程序

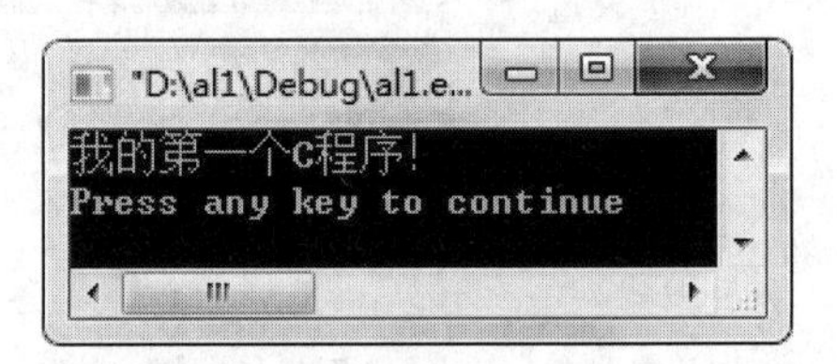

图 1-7 程序运行结果

拓展练习：学生信息显示

编写 C 程序，在屏幕上显示学生的学号、姓名、性别、年龄、电话号码等信息。

参考代码：

```
#include<stdio.h>                      //预处理命令
void main()                            //主函数
{
  printf("学生学号:20180811\n");        //输出学生学号
  printf("学生姓名:李明\n");            //输出学生姓名
  printf("学生性别:男\n");              //输出学生性别
  printf("电话号码:18911652345\n");     //输出学生性别
}
```

程序运行结果如图 1-8 所示。

图1-8　“学生信息显示”程序运行结果

案例二　打印字母图案

案例分析与实现

案例描述：

编写C程序，用“*”号输出字母“I”的图案。

案例分析：

本案例要求在屏幕上显示“I”的图案，可先用“*”号在纸上写出字母“I”，再调用标准输出库函数printf()分行输出。

案例实现代码：

```
#include "stdio.h"
void main()
{
   printf("   * * *    \n");
   printf("     *      \n");
   printf("     *      \n");
   printf("   * * *    \n");
}
```

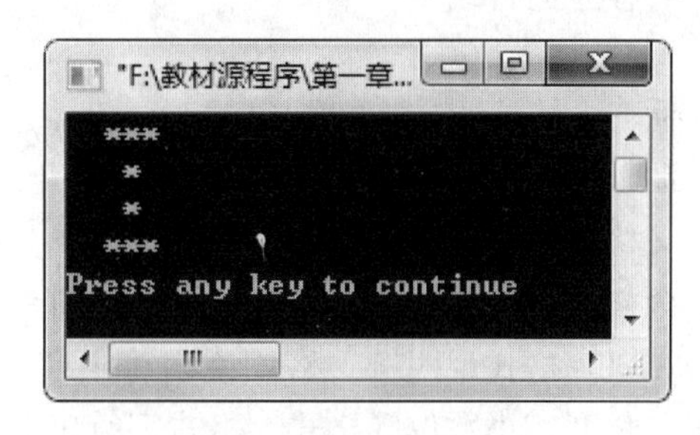

图1-9　案例二程序运行结果

程序运行结果如图1-9所示。

相关知识：格式化输入输出函数

一、数据输入输出的概念及在C语言中的实现

把程序从外部设备上获得数据的操作称为输入，而把程序发送数据到外部设备的操作称为输出。

C语言本身没有专门的输入/输出语句，所有的数据输入/输出都是由库函数完成的，因此都是函数语句。在使用C语言库函数时，要用预编译命令#include将有关“头文件”包括到源文件中。使用标准输入输出库函数时要用到“stdio.h”文件，因此源文件开头应有以下预编译命令：

＃include<stdio. h>或＃include"stdio. h"。

其中，h为head的缩写，stdio. h为standard input & output的缩写。考虑到printf和scanf函数使用频繁，系统允许在使用这两个函数时可不用加＃include命令。

二、 格式化输入输出函数

（一）printf函数（格式输出函数）

printf函数称为格式输出函数，其关键字最末一个字母f即为“格式”（format）之意。其功能是按用户指定的格式，把指定的数据显示到显示器屏幕上。

1. printf函数调用的一般形式

格式一：printf（字符串）；

函数功能：按原样输出字符串。

【例1-1】 printf（"How are you \ n"）；

程序运行后输出How are you，并换行。

格式二：printf（格式控制字符串，输出项表）；

其中，格式控制字符串是用来说明各输出项的输出格式。输出项表列出要输出的项（常量、变量或表达式），各输出项之间用逗号分开。

函数功能：按格式控制字符串中的格式依次输出输出项表中的各输出项。

【例1-2】 printf（"r=%d，s=%d \ n"，3，9）；

程序运行结果：

r=3，s=9

2. 格式控制字符串

格式控制字符串也称格式字符串，是由双引号括起来的字符串，用于指定输出格式。它包含格式说明符、转义字符和普通字符三种。

（1）格式说明符。格式说明符由“%”和格式字符组成，以说明输出数据的类型、形式、长度、小数位等格式。格式字符串的一般形式如下：

%［标志］［输出最小宽度］［. 精度］［长度］类型

其中，方括号［］中的项为可选项。各项的意义如下：

◆ 类型：类型字符用以表示输出数据的类型，其格式符和意义见表1-1。

表1-1　　printf函数中的格式字符

格式字符	意　义
%d	以十进制形式输出带符号整数（正数不输出符号）
%o	以八进制形式输出无符号整数（不输出前缀0）
%x，%X	以十六进制形式输出无符号整数（不输出前缀0x）
%u	以十进制形式输出无符号整数
%f	以小数形式输出单、双精度实数

续表

格式字符	意　　义
%e，%E	以指数形式输出单、双精度实数
%g，%G	以%f 或%e 中较短的输出宽度输出单、双精度实数
%c	输出单个字符
%s	输出字符串

◆ 输出最小宽度：用十进制整数来表示输出的最少位数。若实际位数多于定义的宽度，则按实际位数输出，若实际位数少于定义的宽度则补以空格或 0。

◆ 精度：精度格式符以“.”开头，后跟十进制整数。本项的意义是：如果输出数字，则表示小数的位数；如果输出的是字符，则表示输出字符的个数；若实际位数大于所定义的精度数，则截去超过的部分。

◆ 长度：长度格式符为 h、l 两种，h 表示按短整型量输出，l 表示按长整型量输出。

（2）转义字符。在 printf 函数的格式控制参数中，使用“\ n”，表示要求输出设备执行一个回车操作。也就是说，在字符“n”的前面加上一个反斜杠“\ ”，它就不再是一个字符，而代表了一个命令。这种字符，称为转义字符。

常用的以“\ ”开头的转义字符及其含义见表 1 - 2。

表 1 - 2　　常用转义字符

序列	值	字符	功　　能
\ a	0X07	BEL	警告响铃
\ b	0X08	BS	退格
\ f	0X0C	FF	走纸
\ n	0X0A	LF	换行
\ r	0X0D	CR	回车
\ t	0X09	HT	水平制表
\ v	0X0B	VT	垂直制表
\ \	0X5c	\	反斜杠
\ ′	0X27	′	单引号
\ "	0X22	"	双引号
\ ?	0X3F	?	问号
\ o	整数	任意	o：最多为三位的八进制数字串
\ xH	整数	任意	H：十六进制数字串

（3）普通字符。原样输出的字符。中英文皆可，主要起到说明的功能

【例 1 - 3】 printf 函数应用举例。

```
#include"stdio. h"
void main()
```

```
{
  int a=88,b=89;
  printf("%d %d\n",a,b);
  printf("%d,%d\n",a,b);
  printf("%c,%c\n",a,b);
  printf("a=%d,b=%d\n",a,b);
}
```

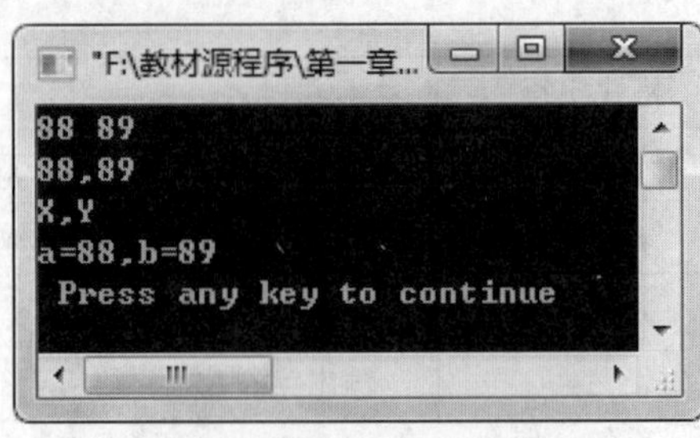

图1-10 [例1-3]程序运行结果

程序运行结果如图1-10所示。

例［1-3］中四次输出了a、b的值，但由于格式控制字符串不同，输出的结果也不相同。第五行的输出语句格式控制字符串中，两格式串%d之间加了一个空格（非格式字符），所以输出的a、b值之间有一个空格。第六行的printf语句格式控制字符串中加入的是非格式字符逗号，因此输出的a、b值之间加了一个逗号。第七行的格式控制字符串要求按字符型输出a、b的值。第八行中为了提示输出结果又增加了普通字符。

3. 输出项列表

输出项列表可以是变量、常量、表达式、函数调用等形式。在格式控制字符串中有几个格式说明符，就应该有几个输出项，即每个格式说明符对应一个输出项，它们之间需保持类型一致、前后顺序一致。

例如：

```
char x='A';int y=10;float z=2.3;
printf("x=%c,y=%d,z=%f/n",x,y,z);
```

格式控制字符串中有三个格式说明符%c、%d、%f，输出列表项中有三个输出项与三个格式说明符一一对应。

（二）scanf函数（格式输入函数）

scanf函数是与printf函数匹配的一个输入函数，许多用法极为相像。它的功能是从键盘上接收输入的数据，并按照一定的格式存放起来，供程序使用。

1. scanf函数的调用形式

scanf函数调用的一般形式：

scanf（格式控制字符串，地址列表）；

其中，格式控制字符串的作用与printf函数相同，但不能显示非格式字符串，也就是不能显示提示字符串。地址表列中给出各变量的地址。

2. 格式控制字符串

scanf函数中格式字符串的一般形式为

%［*］［输入数据宽度］［长度］类型

其中，方括号［］中的项为可选项。各项的意义如下：

◆ 类型：类型字符用以表示输入数据的类型，其格式符和意义见表 1-3。

表 1-3　scanf 函数中的格式字符

格式	字符意义	格式	字符意义
%d	输入十进制整数	%f或%e	输入实型数（用小数形式或指数形式）
%o	输入八进制整数	%c	输入单个字符
%x	输入十六进制整数	%s	输入字符串
%u	输入无符号十进制整数		

◆ “*”符：用以表示该输入项，读入后不赋予相应的变量，即跳过该输入值。

例如，scanf（"%d,%* d,%d"，&a，&b）；当输入为 1，2，3 时，把 1 赋予 a，2 被跳过，3 赋予 b。

◆ 宽度：用十进制整数指定输入的宽度（即字符数）。

例如，scanf（"%5d"，&a）；当输入为 12345678 时，只把 12345 赋予变量 a，其余部分被截去。

◆ 长度：长度格式符为 l 和 h，l 表示输入长整型数据（如%ld）和双精度浮点数（如%lf）；h 表示输入短整型数据。

3. 地址列表

地址表列中给出各变量的地址。地址是由地址运算符“&”后跟变量名组成的。

例如，&a、&b 分别表示变量 a 和变量 b 的地址。这个地址就是编译系统在内存中给 a、b 变量分配的地址。在 C 语言中，使用了地址这个概念，这是与其他语言不同的。应该把变量的值和变量的地址这两个不同的概念区别开来。变量的地址是 C 编译系统分配的，用户不必关心具体的地址是多少。

变量的地址和变量值的关系如下：

在赋值表达式中给变量赋值，例如 a=567，则 a 为变量名，567 是变量的值，&a 是变量 a 的地址。但在赋值号左边是变量名，不能写地址，而 scanf 函数在本质上也是给变量赋值，但要求写变量的地址，如 &a。这两者在形式上是不同的。& 是一个取地址运算符，&a 是一个表达式，其功能是求变量的地址。

【例 1-4】 scanf 函数应用举例。

```
#include "stdio.h"
void main()
{
   int a,b,c;
   printf("input a,b,c\n");
   scanf("%d%d%d",&a,&b,&c);
   printf("a=%d,b=%d,c=%d",a,b,c);
}
```

在本例中，由于 scanf 函数本身不能显示提示串，故先用 printf 语句在屏幕上输出提示，请用户输入a、b、c的值。在scanf语句的格式串中由于没有非格式字符在“%d%d%d”之间作输入时的间隔，因此在输入时要用一个以上的空格或回车键作为每两个输入数之间的间隔。

例如：7　8　9

或7

　8

　9

（三）putchar函数（字符输出函数）

putchar函数的作用是向终端输出一个字符。它只带一个参数，这个参数就是要输出的字符。

putchar函数调用的一般形式：putchar（ch）；

ch可以是一个字符型常量、变量或者是一个不大于255的整型常量或者变量，也可以是一个转义字符。

例如：

putchar（'A'）；　　（输出大写字母A）

putchar（x）；　　（输出字符变量x的值）

putchar（'\102'）；（输出大写字母B）

putchar（'\n'）；　　（换行）

putchar（97）；

使用本函数前必须要用文件包含命令＃include＜stdio.h＞或＃include "stdio.h"。

【例1-5】 putchar函数应用举例。

```
#include<stdio.h>
void main()
{
  char a,b,c;
  a='B'; b='O';c='O';d='K';
  putchar(a); putchar(b); putchar(c); putchar(d);
}
```

程序运行结果为BOOK。

（四）getchar函数（字符输入函数）

getchar函数的功能是从键盘上输入一个字符。

getchar函数调用的一般形式：

getchar()；

通常把输入的字符赋予一个字符变量，构成赋值语句。

使用本函数前必须要用文件包含命令＃include＜stdio.h＞或＃include "stdio.h"，getchar函数只能接受单个字符，输入数字也按字符处理。输入多于一个字符时，只接收第一个字符。

【例1-6】 getchar函数应用举例。

```
#include<stdio.h>
void main()
{
  char c;
  printf("input a character\n");
  c=getchar();
  putchar(c);
}
```

拓展练习：简易计算器功能菜单输出

编写 C 程序，输出简易计算器功能菜单。显示菜单如下：

```
==============================
        简易计算器功能菜单
==============================
      +  -------  加法运算
      -  -------  减法运算
      *  -------  乘法运算
      /  -------  除法运算
      #  -------  退    出
==============================
         请选择菜单功能：
```

参考代码：

```
#include<stdio.h>
void main()
{
   char oper;
   printf("    ==================================    \n");
   printf("             简易计算器功能菜单            \n");
   printf("    ==================================    \n");
   printf("          +  -------  加法运算             \n");
   printf("          -  -------  减法运算             \n");
   printf("          *  -------  乘法运算             \n");
   printf("          /  -------  除法运算             \n");
   printf("          #  -------  退    出             \n");
   printf("    ==================================    \n");
   printf("              请选择菜单功能：             \n");
   scanf("%c",&oper);
}
```

程序运行结果如图 1-11 所示。

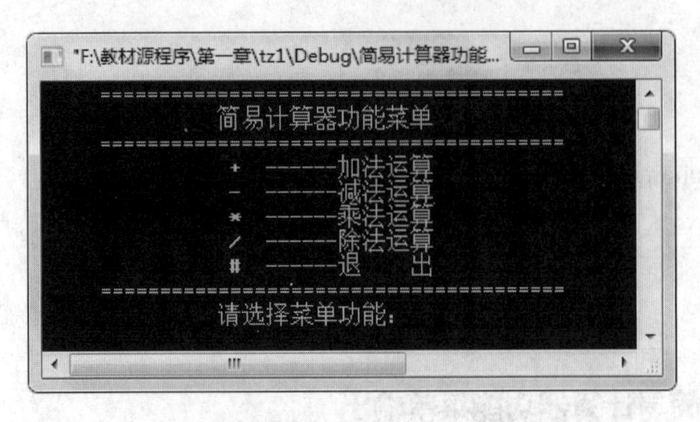

图 1-11 “简易计算器功能菜单输出”程序运行结果

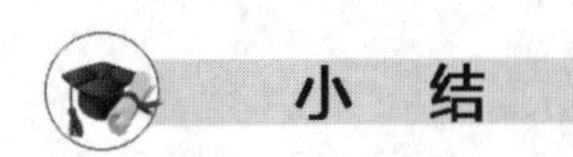

小 结

本章结合两个案例使学生从整体上了解 C 程序的基本结构、C 语言程序在 VC++6.0 下的编辑、编译、连接、运行过程，通过本章内容的学习，为进一步学习 C 语言程序设计打下基础。

习 题

一、判断题

1. 程序是指挥计算机进行各种信息处理任务的一组指令序列。(　　)

2. 机器语言与硬件平台相关，但汇编语言和硬件平台无关。(　　)

3. C 语言把高级语言的基本结构和低级语言的实用性紧密结合起来，不仅适合编写应用软件，而且适合编写系统软件。(　　)

4. main 函数是 C 程序的入口，由计算机系统负责调用。(　　)

5. 在 C 语言中，同一行上可以写一条或多条语句，但一条语句不能写在多行上。(　　)

6. C 语言中，扩展名为 .h 的文件称为头文件，常用于组织 C 标准函数库中的函数。(　　)

7. 注释语句会增加编译结果的复杂性，因此要尽量减少注释语句的数量。(　　)

二、选择题

1. C 语言规定，必须用______作为主函数名。

A. function　　B. include　　C. main　　D. stdio

2. 一个 C 程序可以包含任意多个不同名的函数，但有且仅有一个______，一个 C 程序总是从______开始执行。

A. 过程　　B. 主函数　　C. 函数　　D. include

3. ______是 C 程序的基本构成单位。

A. 函数　　B. 函数和过程　　C. 超文本过程　　D. 子程序

4. 下列说法正确的是______。

A. 一个函数的函数体必须要有变量定义和执行部分，二者缺一不可

B. 一个函数的函数体必须要有执行部分，可以没有变量定义

C. 一个函数的函数体可以没有变量定义和执行部分，函数可以是空函数

D. 以上都不对

5. 下列说法正确的是______。

A. main 函数必须放在 C 程序的开头

B. main 函数必须放在 C 程序的最后

C. main 函数可以放在 C 程序的中间部分，但在执行 C 程序时是从程序开头执行的

D. main 函数可以放在 C 程序的中间部分，但在执行 C 程序时是从 main 函数开始的

6. 下列说法正确的是______。

A. 在执行 C 程序时不是从 mian 函数开始的

B. C 程序书写格式严格限制，一行内必须写一个语句

C. C 程序书写格式自由，一个语句可以分写在多行上

D. C 程序书写格式严格限制，一行内必须写一个语句，并要有行号

7. 在 C 语言中，每个语句和数据定义是用______结束。

A. 句号　　B. 逗号　　C. 分号　　D. 括号

8. 以下说法正确的是______。

A. C 语言程序总是从第一个定义的函数开始执行

B. 在 C 语言程序中，要调用的函数必须在 main 函数中定义

C. C 语言程序总是从 main 函数开始执行

D. C 语言程序中的 main 函数必须放在程序的开始部分

9. C 语言规定，在一个源程序中，main 函数的位置______。

A. 必须在最开始　　B. 必须在系统调用的库函数的后面

C. 可以在任意位置　　D. 必须在源文件的最后

10. 一个 C 语言程序是由______。

A. 一个主程序和若干个子程序组成

B. 函数组成，并且每一个 C 程序必须且只能由一个主函数

C. 若干过程组成

D. 若干子程序组成

11. 在 scanf 函数的格式控制中，格式说明的类型与输入的类型应该一一对应匹配。如果类型不匹配，系统______。

A. 不予接收

B. 并不给出出错信息，但不可能得出正确信息数据

C. 能接受正确输入

D. 给出出错信息，不予接收输入

12. 以下程序的输出结果是______。

```
#include<stdio.h>
void main()
{
```

```
int i=010,j=10,k=0x10;
printf("%d,%d,%d\n",i,j,k);
}
```

A. 8，10，16　　B. 8，10，10　　C. 10，10，10　　D. 10，10，16

三、填空题

1. 一个C程序至少包含一个________，即________。

2. 一个函数由两部分组成，它们是________和________。

3. 函数体的范围是________。

4. 函数体一般包括________和________。

5. C语言是通过________来进行输入/输出的。

6. 在C语言中，凡在一个标识符后面紧跟着一对圆括弧，就表明它是一个________。

7. 主函数名后面的一对圆括号中间可以为空，但一对圆括号不能________。

8. printf函数的“格式控制”包括两部分，它们是________和________。

9. 符号&是________运算符，&a是指________。

10. scanf函数中的“格式控制”后面应当是________，而不是________。

11. putchar函数的作用是________。

12. 对不同类型的语句有不同的格式字符。例如，________格式字符是用来输出十进制整数，________格式字符是用来输出一个字符，________格式字符是用来输出一个字符串。

13. getchar函数的作用是________。

第二章 顺序结构程序设计

内容概述

第一章介绍了几个简单的C程序，程序由若干顺序执行的语句构成，这些语句可以是赋值语句、输入输出语句。在本章中将介绍程序中用到的一些基本要素，它们是构成程序的基本成分。通过本章的学习，要求掌握基本数据类型、运算符及表达式的使用方法，理解算法、算法的表示等概念，并能根据问题设计算法。

知识目标

掌握C语言中常量和变量的概念及变量的命名规则；
掌握C语言中的三种基本数据类型及其应用；
掌握变量的声明方法、初始化及使用；
掌握算术运算符、赋值运算符和逗号运算符及相应表达式的求值方法；
掌握强制类型转换的使用方法。

能力目标

能够熟练地根据数据处理需求描述并定义变量；
能够熟练地根据数据处理需求正确编写表达式；
具备顺序结构程序设计的基本能力；
能够根据问题设计算法。

案例一 简易加法器设计

案例分析与实现

案例描述：

有一个简易加法运算器，用户从键盘输入两个运算数，屏幕输出数据相加的结果。使用C语言编写程序实现以上功能。

案例分析：

本案例需要解决三个问题，即如何从键盘接收数据，如何完成加法运算，如何输出结果。第一章已经介绍了输入函数scanf函数，在数据输入之前，还要首先定义变量，将加数存于变量名对应的内存单元中，再用算术运算符将数据相加，最后调用标准库函数printf函数输出相加结果。

案例实现代码：

```
#include<stdio.h>
void main()
{
 float data1,data2,sum;                          /* 定义单精度实型变量* /
 printf("请输入算式,如:8.2+4.5\n");
 scanf("%f+%f",&data1,&data2);
 sum=data1+data2;                                /* 将数据相加结果赋给 sum* /
 printf("%g+%g=%.2f\n",data1,data2,sum);
}
```

程序运行结果如图 2-1 所示。

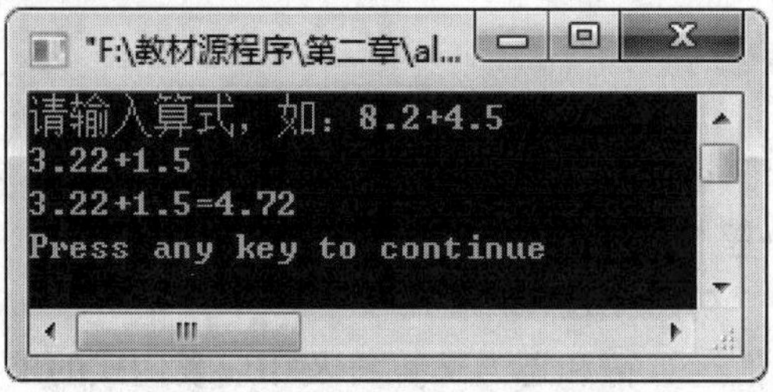

```
"F:\教材源程序\第二章\al...
请输入算式，如：8.2+4.5
3.22+1.5
3.22+1.5=4.72
Press any key to continue
```

图 2-1　案例一程序运行结果

相关知识：数据类型与表达式

一、数据类型

数据是计算机程序在运行时的处理对象，任何计算程序在运行时必须要对所涉及的数据进行标识（定义）、传送数据（赋值）、处理（运算）、打印结果（输出）等一系列的操作，这里，“操作”通过程序步骤反映出来，而操作对象必然就是数据。在 C 语言中数据是有类型的，所谓数据类型是按被说明量的性质、表示形式、占据存储空间的大小、构造特点来划分的。C 语言的数据类型可分为基本类型、构造类型、指针类型和空类型四大类。具体分类如图 2-2 所示。

基本类型可认为是不可再分割的类型；构造类型是由基本类型组成的更为复杂的类型；空类型用于对指针数据和函数及其参数进行说明。

数据在对其处理时要先存放在内存单元中，不同类型的数据在存储器中存放的格式也不相同。也就是说，不同类型的数据所占内存长度不同，数据表达形式也不同，其允许取值的范围也各不相同。本章主要介绍基本数据类型中的整型、实型和字符型，其他几种类型在以后章节中会介绍。

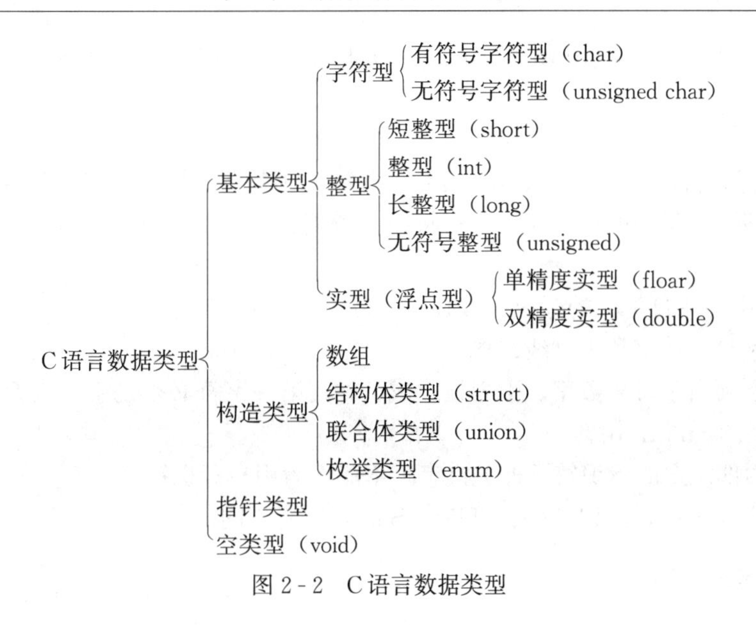

图2-2　C语言数据类型

二、标识符

标识符是C语言里的一个重要概念。程序中用来为符号常量、变量、函数、数组、类型、文件命名的有效字符序列称为标识符。例如area、a、b、c、scanf()、printf()、sqrt()、triangle _ area()，这些都是标识符。

C语言中标识符分为系统定义标识符和用户定义标识符两种。

1. 系统定义标识符

系统定义标识符是指具有固定名字和特定含义的标识符，如前面程序中看到的int、float、double、printf等。系统定义标识符又可以进一步分为关键字和预定义标识符两种类型。

（1）关键字。关键字是C语言系统使用的具有特定含义的标识符，它们都是一些英文单词或缩写，也称为特定字或保留字，不能作为预定义标识符和用户定义标识符使用。C语言的关键字是由小写字母构成的字符序列，32个关键字见表2-1。

表2-1　32个关键字

序号	分类	关键字
1	数据类型关键字（12个）	char、short、long、int、float、double、signed、unsigned、void、struct、union、enum
2	存储类型关键字（4个）	auto、extern、register、static
3	控制语句关键字（12个）	if、else、switch、case、default、do、while、for、continue、break、return、goto
4	其他关键字（4个）	const、sizeof、typedef、volatile

（2）预定义标识符。预定义标识符是具有特定含义的标识符，包括系统标准库函数名和

编译预处理命令等。例如，printf、scanf、define 和 include 等都是预定义标识符。

2. 用户定义标识符

用户定义标识符用于对用户使用的变量、数组和函数等操作对象进行命名。

例如，将两个变量命名为 a 和 b，将一个数组命名为 student，将一个函数命名为 max 等。

在 C 语言中构成自定义的标识符，必须满足以下规则：

◆ 只能由字母、数字和下划线组成。

◆ 标识符必须由字母、数字、下划线组成，并且第一字符必须是字母或者下划线，例如 div1、s_name、_min、p1。

◆ C 语言内部规定的标识符（即关键字）不能作为用户标识符。

◆ 区分大小写字符，例如 sum、SUM、Sum，三者不同。

三、 常量与变量

C 语言程序中，数据一般以常量或变量来体现，程序需对大量的常量或变量进行数据处理和计算。在程序运行过程中，其值不发生改变的量称为常量，其值可以改变的量称为变量。它们可与数据类型结合起来分类，例如整型常量、实型常量、字符常量、整型变量、实型变量、字符变量。

（一）常量及其类型

常量是不占据任何内存单元的，它是程序可执行指令的一部分，处在代码区中，运行时不可以改变。在 C 语言中常量分为不同的类型：有整型常量，如 15、－45；有实型常量，如 3.14、5.6；有字符常量，如'a'、'#'；有字符串常量，如" Hello! "。以上几种常量一般从字面上即可判别，所以又统称为字面常量或直接常量。

1. 整型常量

在 C 语言中，整型常量有十进制、八进制、十六进制三种进制表示方法，并且各种数制均可有正（＋）负（－）之分，正数的“＋”可省略。

◆ 十进制整型常量：以数字 1～9 开头，其他位以数字 0～9 构成十进制整型常量，如 35、－3 等。

◆ 八进制整型常量：以数字 0 开头，其他位以数字 0～7 构成八进制整型常量，如 027、－035 等。

◆ 十六进制整型常量：以 0X 或 0x 开头（数字 0 和大写或小写字母 x），其他位以数字 0～9或字母 a～f 或 A～F 构成十六进制整型常量，如 0x35、－0Xa 等。

如果在整型常量加上后缀 L 或 l 表示该常量为长整型常量，加上后缀 U 或 u 表示无符号整型常量。

2. 实型常量

实型常量又称浮点型常量。实型常量由整数部分和小数部分组成，有两种表示形式：小数表示法和科学计数法。

◆ 小数表示法：它是由数的符号、数字和小数点组成的实型常量（注意：必须有小数点）。例如，－2.8、5.0、0.0、.65 等都是合法的实型小数形式。

◆ 科学计数法：科学计数法也称指数法，它是由数的符号、尾数（整数或小数）、阶码（E 或 e）、阶符和整数阶码组成的实型常量。使用 e 或 E 代表 10 的指数，"E" 前必须有数字（有效数据），"E" 后为指数且必须为整数。例如，2.8E－3 表示 2.8×10^{-3}。

实型常量分为单精度、双精度和长双精度三种类型。实型常量如果没有任何说明，则表示为双精度常量，实型常量后加上 F 或 f 则表示单精度常量，实型常量后加上 L 或 l 则表示长双精度常量。

3. 字符型常量

字符型常量是由一对单引号括起来的一个字符。一个字符常量在计算机的存储中占据一个字节。在内存中，字符数据以 ASCII 码存储，它的存储形式与整数的存储形式类似。字符型数据和整型数据之间可以通用，一个字符数据既可以以字符形式输出，也可以以整数形式输出。它分为一般字符常量和转义字符。

◆ 一般字符常量：一般字符常量是用单引号括起来的一个普通字符，其值为该字符的 ASCII 代码值。例如，'a'、'A'、'0'、'？'等都是一般字符常量，但是'a'和'A'是不同的字符常量，'a'的值为 97，而'A'的值为 65。

◆ 转义字符：C 语言允许用一种特殊形式的字符常量，它是以反斜杠（\）开头的特定字符序列，表示 ASCII 字符集中的控制字符、某些用于功能定义的字符和其他字符。例如，'\n'表示回车换行符，'\\'表示字符'\'。常用的转义字符见表 1-2。

4. 字符串常量

字符串常量也称字符串，是由一对双引号括起来的字符序列。字符序列中的字符个数即为字符串长度，没有字符的字符串称为空串。例如，"b" "3" 等都是合法的字符串常量。字符串常量中的字符是连续存储的，并在最后自动加上字符'\0'作为字符串结束标志。例如，字符串"a" 在计算机内存中占两个连续单元，存储内容为字符'a'和'\0'。字符串常量和字符常量的区别是十分明显的，主要表现在以下 4 个方面：

（1）表示形式不同。字符常量以单引号表示，而字符串常量以双引号表示。

（2）存储所占的内存空间不同。字符常量在内存中只用 1 个字节存放该字符的 ASCII 码值。字符串常量在内存中，除了存储串中的有效字符的 ASCII 码值外，系统还自动在串后加上 1 个字节，存放字符串结束标志'\0'。

（3）允许的操作不同。字符常量允许在一定范围内与整数进行加法或减法运算，如'a'－32 合法；字符串常量不允许上述运算，如"a" －32 是非法的。

（4）存放的变量不同。字符常量可存放在字符变量或整型变量中，而字符串常量需要存放在字符数组中。字符变量和字符数组后续介绍。

5. 符号常量

符号常量是用编译预处理命令＃define 定义的一个标识符，用来表示一个数据。使用

＃define定义的符号常量，相当于为一个常量数据取了一个名字，当编译器开始编译包含符号常量的C程序时，它将用＃define定义的实际常量数据替换这个符号常量，再编译。

符号常量的定义格式：

＃define 符号常量　常量

如圆周率：＃define PI　3.14。以＃开头的命令行称为编译预处理命令，它不是语句，命令行末尾不能加分号。标识符通常用大写字母，以区别变量，变量名通常用小写字母。

【例2-1】 使用符号常量计算半径为5的圆形周长和面积。

```
#include<stdio.h>
#define PI 3.14
void main()
{
  printf("周长是:%f\n",2 * PI * 5);
  printf("面积是:%f\n",PI * 5 * 5);
}
```

程序运行结果：

周长是：31.400000

面积是：78.500000

（二）变量及其类型

变量是指在程序执行过程中其值可以被改变的量。变量有三个基本要素：变量名、变量数据类型和变量的值。在C语言中，任何一个变量在使用之前都必须首先定义它的名字，并说明它的数据类型。也就是说，变量使用前必须先定义，即指定变量名，说明变量数据类型。变量定义的实质是按照变量说明的数据类型为变量分配相应空间的存储单元，在该存储单元中存放变量的值。C语言中，变量使用时遵循“先定义，后使用”的原则。

变量定义一般格式：

类型说明符　变量名1，变量名2，…；

说明：

◆ 数据类型：C语言的合法数据类型，如int、short、char、float、double等。

◆ 变量名表：变量名是C语言合法的标识符。变量名表可以包含多个变量名，彼此之间使用逗号分开，表示同时定义若干个具有相同数据类型的变量。

一个变量代表着内存中一个具体的存储单元，用变量名来标识。存储单元中存放的数据称为变量的值，变量的值可以通过赋值的方法获得和改变。一定要区分开变量名和变量值这两个不同的概念。

1. 整型变量

（1）整型变量的分类。整型变量的数据类型根据存储空间的大小分为短整型（short int或short）、基本型（int）、长整型（long int或long）。

另外，整型变量还有用于指示的修饰符signed或unsigned，也即整型数据有正数/负数、无符号数之分。

各类整型量所分配的内存字节数及数的表示范围见表 2-2。

表 2-2　　整型量的类型说明及取值范围

类型名	类型标识符	字节数（位）	取值的范围
短整型	short	2（16 位）	$-2^{15}\sim2^{15}-1$（$-32768\sim32767$）
无符号短整型	unsigned short	2（16 位）	0～0xffff(0～65535)
基本整型	int	4（32 位）	$-2^{31}\sim2^{31}-1$（$-2147483648\sim2147483647$）
无符号整型	unsigned int	4（32 位）	0～0xffffffff（0～4294967295）
长整型	long	4（32 位）	$-2^{31}\sim2^{31}-1$（$-2147483648\sim2147483647$）
无符号长整型	unsigned long	4（32 位）	0～0xffffffffUL（0～4294967295）

(2) 整型变量的定义及初始化。整型变量定义及初始化的一般形式如下：

类型说明符　　变量名 1 [=值 1][，变量名 2 [=值 2]，…]；

例如：

```
int a,b,c;   /*定义 a、b、c 为整型变量*/
long x=20;   /*定义 x 为长整型变量,并赋初值 10*/
unsigned p=7,q=56,m;/*定义 p、q、m 为无符号整型变量,为 p 赋初值 2,为 q 赋初值 5*/
```

说明：

◆ 允许在一个类型说明符后，定义多个相同类型变量。类型说明符与变量名之间至少用一个空格间隔，各变量名之间用逗号间隔。

◆ 最后一个变量名后面用“;”号结尾。

◆ 变量定义必须放在变量使用之前，一般放在函数体开头部分。

◆ 没有给变量赋初值，并不意味着该变量中没有数值，只表明该变量中没有确定的值，因此直接使用这种变量的话可能产生莫名其妙的结果，有可能导致运算错误。

【例 2-2】 已知两变量 a 和 b，求和与差。

```
#include<stdio.h>
void main()
{
  int a=3,b=5,c,d;
  c=a+b;
  d=a-b;
  printf("a+b=%d,a-b=%d\n",c,d);   //输出 a 与 b 的和与差
}
```

程序运行结果：

```
a+b=8,a-b=-2
```

2. 实型变量

（1）实型变量的分类。实型变量可分为单精度实型（float 类型）和双精度实型（double 类型）。各类实型变量所分配的内存字节数及数值的表示范围见表 2-3。

表 2-3 实型量的类型说明及取值范围

类型名	类型标识符	字节数（位）	有效数字	取值范围（正负）
单精度	float	4（32 位）	6～7	10^{-37}～10^{38}
双精度	double	8（64 位）	15～16	10^{-307}～10^{308}

（2）实型变量的定义及初始化。

实型变量定义及初始化的一般形式如下：

类型说明符　　变量名 1 [=值 1] [，变量名 2 [=值 2]，…]；

例如：

```
float a,b,c; /* 定义 a,b,c 为单精度实型变量*/
double m=5.66,n=6.3; /* 定义 m、n 为双精度实型变量,并分别赋初值 5.66 和 6.3*/
```

（3）实型数据的舍入误差。由于实型变量是由有限的存储单元组成的，因此能提供的有效数字也是有限的，即实型数据的存储是有误差的。

【例 2-3】 实型数据的舍入误差（实型变量只能保证 7 位有效数字，后面的数字无意义）。

```
#include<stdio.h>
void main()
{
  float a=1.234567E10,b;
  b=a+20;
  printf("a=%f\n",a);
  printf("b=%f\n",b);
}
```

图 2-3 [例 2-3]程序运行结果

程序运行结果如图 2-3 所示。

由于实数存在舍入误差，使用时要注意以下几点：

- 不要试图用一个实数精确表示一个大整数，浮点数是不精确的。
- 实数一般不判断“相等”，而是判断接近或近似。
- 避免直接将一个很大的实数与一个很小的实数相加、相减，否则会“丢失”小的数。
- 根据要求选择单精度型和双精度型。

3. 字符型变量

字符型变量是用来存放字符常量的。它只能保存一个字符，而不是一个字符串。

（1）字符型变量的分类。

◆ 字符变量：char c1；

◆ 无符号型字符变量：unsigned char c2；

（2）字符型变量的定义及初始化。C 语言中，字符变量用关键字 char 进行定义，在定义的同时也可以初始化。

定义字符型变量及初始化的一般形式如下：

类型说明符　变量名 1 [=值 1][，变量名 2 [=值 2]，…]；

例如：

```
char ch1;                    /* 定义 ch1 为字符型变量 */
char ch1, ch2='a';           /* 定义 ch1、ch2 为字符型变量，并给 ch2 赋初值'a' */
unsigned char ch3;           /* 定义 ch3 为无符号的字符型变量 */
```

所有编译系统都规定以一个字节来存放一个字符，也就是说，一个字符变量在内存中占一个字节。当把字符放入字符变量时，字符变量中的值就是该字符的 ASCII 代码值，这使得字符型数据和整型数据之间可以通用（当作整型量）。具体表现如下：

◆ 可将整型量赋值给字符变量，也可以将字符量赋值给整型变量。

◆ 可对字符数据进行算术运算，相当于对其 ASCII 码进行算术运算。

◆ 一个字符数据既可以以字符形式输出（ASCII 码对应的字符），也可以以整数形式输出（直接输出 ASCII 码）。

【例 2-4】 向字符变量赋以整数。

```
#include<stdio.h>
void main()
{
   char a,b;
   a=66; b=67;
   printf("字符型变量字符型输出:%c, %c \n", a,b);
   printf("字符型变量的整型输出:%d, %d \n", a,b);
}
```

程序运行结果：

```
字符型变量字符型输出:B,C
字符型变量的整型输出:66,67
```

本程序中定义 a、b 为字符型，但在赋值语句中赋以整型值。从结果看，a、b 值的输出形式取决于 printf 函数格式控制字符串中的格式符，当格式符为“c”时，对应输出的变量值为字符，当格式符为“d”时，对应输出的变量值为整数。

【例 2-5】 大小写字母的转换。

```
#include<stdio.h>
void main()
{
  char a,b;
```

```
    a='s';
    b='t';
    printf("初始小写字符: %c,%c\n",a,b);
    printf("初始字符的ASCII码值: %d,%d\n",a,b);
    a=a-32;
    b=b-32;
    printf("转换后的大写字符: %c,%c\n",a,b);
    printf("转换后字符的ASCII码值: %d,%d\n",a,b);
}
```

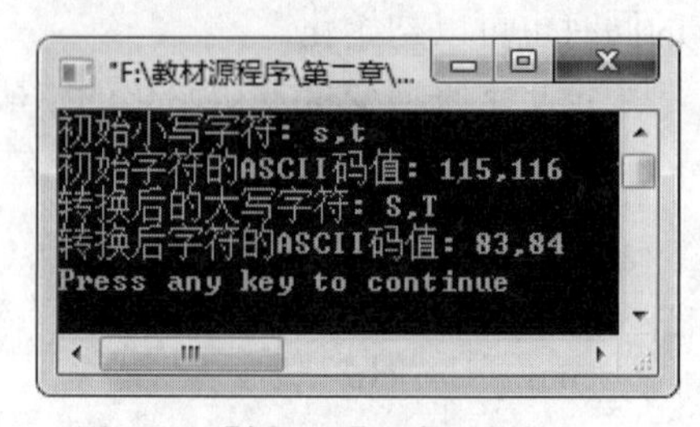

图 2-4 [例 2-5]程序运行结果

程序运行结果如图 2-4 所示。

小写字母的 ASCII 值比对应的大写字母的 ASCII 码值大 32，由［例 2-5］还可以看出，允许字符数据与整数直接进行算术运算，运算时字符数据用 ASCII 码值参与运算。

四、运算符与表达式

变量用来存放数据，运算符则用来处理数据。所谓运算符就是指运算的符号，如加运算符（+）、乘运算符（*）、取地址运算符（&）等。

表达式由运算符与操作数组合而成，由运算符指定对操作数要进行的运算，根据运算符需要参与的操作数的个数分为单目运算符、双目运算符和三目运算符，一个表达式的运算结果是一个值。

C 语言提供的运算符有以下几种：算术运算符、关系运算符、逻辑运算符、位运算符、条件运算符、赋值运算符、逗号运算符、sizeof 运算符及其他运算符。C 语言中运算符和表达式数量之多，在高级语言中是少见的。正是丰富的运算符和表达式使 C 语言功能十分完善。这也是 C 语言的主要特点之一。

C 语言的运算符不仅具有不同的优先级还具有不同的结合性。在表达式中，各运算量参与运算的先后顺序不仅要遵守运算符优先级别的规定，还要受运算符结合性的制约，以便确定是自左向右进行运算还是自右向左进行运算。这种结合性是其他高级语言的运算符所没有的，因此也增加了 C 语言的复杂性。

（一）算术运算符与算术表达式

1. 算术运算符

C 语言中提供的基本的算数运算符包括：

◆ 加法运算符“+”：加法运算符为双目运算符，即应有两个量参与加法运算，具有右结合性。

◆ 减法运算符“－”：减法运算符为双目运算符。“－”作负值运算符时为单目运算符，具有左结合性。

◆ 乘法运算符“*”：双目运算，具有左结合性。

◆ 除法运算符“/”：双目运算，具有左结合性。参与运算量均为整型时，结果也为整型，舍去小数。如果运算量中有一个是实型，则结果为双精度实型。

◆ 求余运算符（模运算符）“%”：双目运算，具有左结合性。要求参与运算的量均为整型。求余运算的结果等于两数相除后的余数。

2. 算术表达式

用算术运算符将操作数连接起来的符合 C 语法规则的式子，称为 C 算术表达式。运算对象包括常量、变量、函数等。

【例 2-6】 假设今天是星期三，15 天之后是星期几？

```
#include "stdio.h"
void main()
{
  int  day,n;
  printf("请输入多少天后:");
  scanf("%d",&n);             /* 输入过多少天后* /
  day=(n%7+3)%7;          /* 计算过 n 天后是星期几* /
  printf("%d 天后是星期%d\n",n,day);        /* 输出计算结果* /
}
```

程序运行结果如图 2-5 所示。

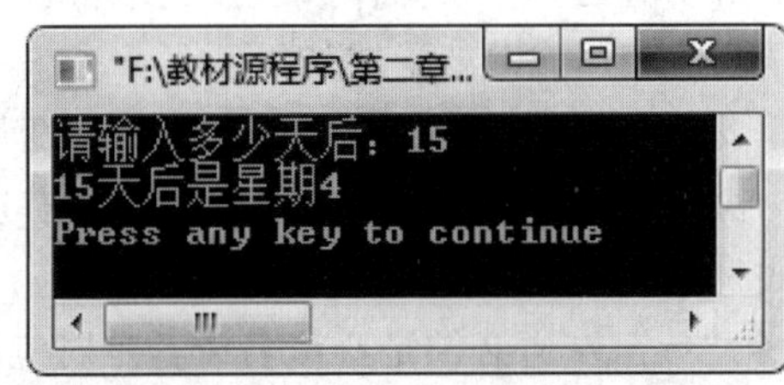

图 2-5 ［例 2-6］程序运行结果

说明：

设用 0、1、2、3、4、5、6 分别表示星期日、星期一、星期二、星期三、星期四、星期五、星期六。因为一个星期有 7 天，即 7 天为一周期，所以 n/7 等于 n 天里过了多少个整周，n%7 就是 n 天里除去整周后的零头（不满一周的天数），(n%7+3)%7 就是过 n 天之后的星期几。

3. 自增、自减运算符

C 语言提供了两个用于算术运算的单目运算符：++（自增）和 --（自减）。++的作用是使变量的值自己增 1，而--的作用是使变量的值自己减 1。

自增和自减运算符可在变量名前，也可在变量名后，即可以用于前缀和后缀的形式，但含义并不相同。对于前缀的形式，变量先作自增或自减运算，然后将运算结果用于表达式中；对于后缀的形式，变量的值先在表达式中参与运算，然后再做自增或自减运算。

【例 2-7】 自增、自减运算符的使用。

```
#include<stdio.h>
void main()
{
  int x=3,y=5,a,b;
  a=x++;
  b=++y;
```

```
    printf("x=%d,y=%d,a=%d,b=%d\n",x,y,a,b);
}
```

程序运行结果：

x=4,y=6,a=3,b=6

（二）赋值运算符与赋值表达式

赋值运算符包括简单赋值运算符和复合赋值运算符，复合赋值运算符又包括算术复合赋值运算和位复合赋值运算符。

1. 赋值运算符

C语言中，“=”被称为赋值运算符，其含义是将运算符右边表达式的值送到左边变量名所代表的存储单元内。例如，“x=6”表示将6赋给x变量。

2. 赋值表达式

由赋值运算符将操作数连接起来符合C语法规则的式子称为赋值表达式。

赋值表达式一般形式如下：

变量=表达式

执行赋值表达式时，一般首先计算右边表达式的值，然后赋给左边变量。在使用赋值表达式时应注意以下几点：

◆“=”左边必须是变量名或者是对应某特定内存单元的表达式，“=”右边允许是常量、变量和表达式。

◆ C语言允许在一个表达式中对多个变量连续赋值。

◆ 赋值运算符的优先级别很低，在所有的运算符中，仅高于逗号运算符，低于其他所有运算符。

◆ 赋值运算符不同于数学中的等号，等号没有方向，而赋值号具有方向性。

◆ 赋值运算符具有右结合性，例如a=b=8与a=（b=8）等价，最后a和b的值均等于8。

3. 复合赋值运算符

C语言允许在赋值运算符“=”之前加上其他运算符，构成复合运算符。在“=”之前加上算术运算符，则构成算术复合赋值运算符；在“=”之前加上位运算符，则构成位复合赋值运算符。共有10种复合赋值运算符，即+= 加赋值，-= 减赋值，*= 乘赋值，/= 除赋值，%= 求余赋值，&= 按位与赋值，|= 按位或赋值，^= 按位异或赋值，<<= 左移位赋值，>>= 右移位赋值。

构成复合赋值表达式的一般形式如下：

变量　双目运算符=表达式

它等价于：

变量=变量　运算符　表达式

例如，a+=b−c 等价于 a=a+（b−c），a%=b−c 等价于 a=a%（b−c）。

4. 赋值运算时数据类型的自动转换

如果赋值运算符两边的数据类型不相同，系统将自动进行类型转换，即把赋值号右边的类型换成左边的类型。具体转换规则如下：

◆ 实型赋予整型，舍去小数部分。

◆ 整型赋予实型，数值不变，但将以浮点形式存放，即增加小数部分（小数部分的值为0）。

◆ 字符型赋予整型，由于字符型为一个字节，而整型为二个字节，故将字符的 ASCII 码值放到整型量的低八位中，高八位为 0。

◆ 将整型数据赋给字符变量时，只把其低八位赋给字符变量。

【例 2-8】 运行以下程序观察结果。

```
#include<stdio.h>
void main()
{
  int a=58,b=6, c;
  float f=7;
  c=a/f-b;
  printf("c= %d", c);
}
```

程序运行结果：

```
c=2
```

在“c= a/f−b;”这个赋值语句中，右边的表达式的类型是实型，而 c 是整型，所以赋值执行后结果的类型是整型，即对实型的值截去小数部分之后的整数部分。注意这里是截去，不是四舍五入。

（三）逗号运算符与逗号表达式

逗号运算符是“,”，它的优先级低于赋值运算符，为左结合性。用逗号运算符将若干个表达式连接成一个逗号表达式。逗号表达式一般形式如下：

表达式 1，表达式 2，…，表达式 n

逗号表达式的操作过程：先计算表达式 1，再计算表达式 2，…，最后再计算机表达式 n，而逗号表达式的值为最右边表达式 n 的值。

例如：a=8，b=3.2，a+b，a−b。

该逗号运算表达式，它由四个表达式结合而成，从左向右依次计算，逗号表达式的值为 a−b 的值，即 4.8。

【例 2-9】 逗号表达式应用举例。

```
#include<stdio.h>
```

```
void main()
{
  int a=3,b=5,c=7,x,y;
  y=(x=a+b,++b);
  printf("x=%d, y=%d\n", x,y);
}
```

程序运行结果：

```
x=8,y=6
```

（四）条件运算符与条件表达式

条件运算符是“?:”，是C语言中唯一的三目运算符，用条件运算符将三个表达式连接起来的符合C语法规则的式子称为条件表达式。条件表达式的一般形式如下：

表达式1？表达式2：表达式3

操作过程：先计算表达式1的值，若为“真”，则计算表达式2的值，整个条件表达式的值就是表达式2的值；若表达式1的值为“假”，则计算表达式3，整个条件表达式的值就是表达式3的值。

条件运算符优先级低于逻辑运算符，其结合性是右结合。

【例2-10】 输出两个数中较小的数。

```
#include<stdio.h>
void main()
{
  int a,b,min;
  a=1,b=6;
  min=a<b? a:b;
  printf("min=%d\n",min);
}
```

程序运行结果：

```
min=1
```

（五）求字节运算符

求字节运算符是单目运算符，用来返回其后的类型说明符或表达式所表示的数在内存中所占有的字节数。

求字节运算符的使用形式：sizeof（e）

其中，e可以是任意类型的变量、类型名或表达式。

【例2-11】 sizeof运算符应用举例。

```
#include<stdio.h>
```

```
void main()
{
  int a=5;double x;
  printf("% d % d",sizeof(int),sizeof(a));
  printf("% d % d",sizeof(double),sizeof(x));
  printf("% d % d\ n",sizeof(float),sizeof(char));
}
```

程序运行结果：

4 4 8 8 4 1

五、 数据类型转换

整型、单精度、双精度及字符型数据可以进行混合运算。当表达式中的数据类型不一致时，首先转换为同一类型，然后再进行运算。C 语言有两种方法实现类型转换：一种是自动类型转换；另一种是强制类型转换。

1. 自动类型转换

当运算符两边的操作数类型相同时，可以直接进行运算，并且运算结果和操作数具有同一数据类型。当运算符两边的操作数类型不同时，系统自动地将操作数转换成同种类型。计算结果的数据类型为级别较高的类型。

C 编译系统自动完成，转换规则如图 2-6 所示。

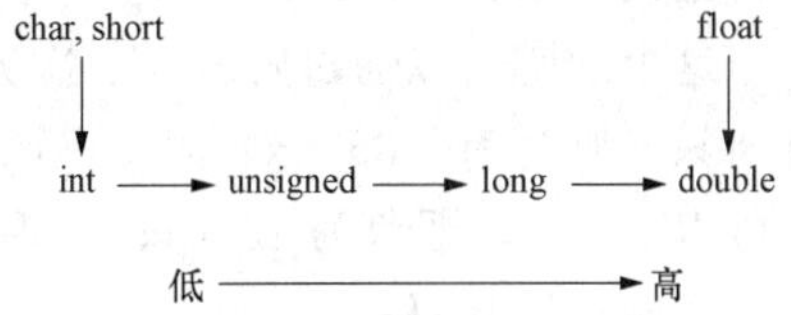

图 2-6　数据类型转换规则

2. 强制类型转换

强制类型转换是指通过强制类型转换运算符，将表达式的类型强制转换为所指定的类型。强制类型转换的一般形式如下：

（类型说明符）（表达式）

其功能是把表达式的运算结果强制转换成类型说明符所表示的类型。

例如：

(float) a　　　　把 a 转换为实型

(int) (x+y)　　　把 x+y 的结果转换为整型

在使用强制转换时应注意以下问题：

（1）类型说明符和表达式都必须加括号（单个变量可以不加括号），如果把（int）（x+y）写成（int）x+y，则变成把 x 转换成 int 型之后再与 y 相加。

（2）无论是强制转换或是自动转换，都只是为了本次运算的需要而对变量的数据长度进行的临时性转换，而不改变数据说明时对该变量定义的类型。

拓展练习 ：摄氏温度与华氏温度转换

编写一个 C 程序，从键盘输入华氏温度，转换成摄氏温度并输出。

转换关系为 C=5＊（F−32）/9，其中，C 代表摄氏温度，F 代表华氏温度。

参考代码：

```
#include<stdio.h>
void main()
{
   double C,F;
   printf("请输入华氏温度:");
   scanf("%lf",&F);//输入华氏温度
   C=5* (F-32)/9;
   printf("C=%g\n",C);//输出摄氏温度
}
```

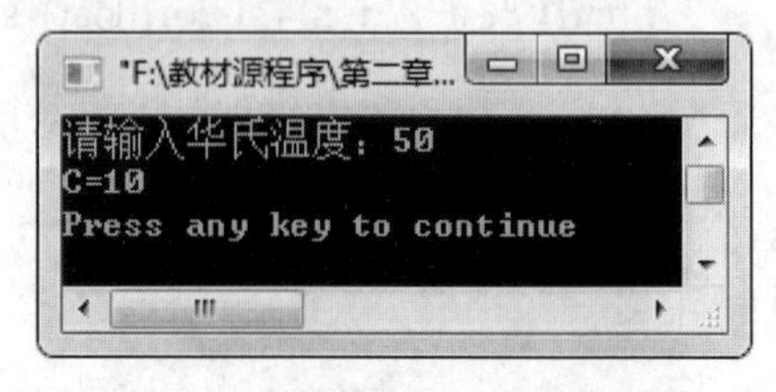

图 2-7 "摄氏温度与华氏温度转换"程序运行结果

程序运行结果如图 2-7 所示。

案例二　鸡兔同笼问题

案例分析与实现

案例描述：

大约在 1500 年前，《孙子算经》中就记载了这个有趣的问题：今有雉兔同笼，上有三十五头，下有九十四足，问雉兔各几何？

案例分析：

这个问题可以通过解一元一次方程来求得鸡与兔各多少只。已知鸡与兔共 35 只，设兔有 x 只，则鸡有（35−x）只。又已知鸡与兔共有 94 只脚，所以 4x+2（35−x）=94，由此可得 x=12，即兔为 12（只），鸡为 35−12=23（只）。

案例实现代码：

```
#include<stdio.h>
void main()
{
   int heads=35, foots=94;    //已知条件
   int x;//设兔有 x 只,则鸡有(35-x)只
   x= (foots-2* heads)/2;
   printf("兔:%d 只, 鸡:%d 只\n", x, heads-x);
}
```

程序运行结果如图 2-8 所示。

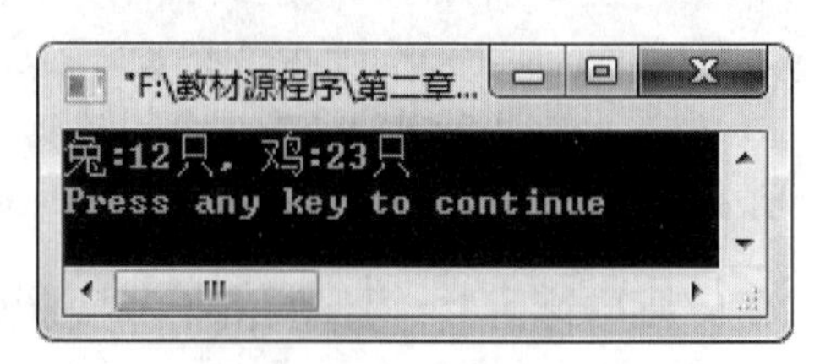

图 2-8　案例二程序运行结果

鸡兔同笼问题告诉我们要解决问题首先应设计解决方案，根据解决方案设计有限的步骤一步步完成。为解决一个问题而采取的方法和步骤，就称为算法。

相关知识：算法

算法常被定义为是对特定问题求解步骤的一种描述，包含操作的有限规则和操作的有限序列。通俗一点讲，算法就是一个解决问题的公式、规则、思路、方法和步骤。

一、算法的基本特征

（1）有穷性：一个算法应包含有限的操作步骤而不能是无限的。

（2）确定性：算法中每一个步骤应当是确定的，不能是含糊的、模棱两可的。

（3）输入：一个算法有 0 个或多个输入。所谓 0 个输入是指算法本身设定了初始条件。

（4）输出：一个算法有一个或多个输出，以反映对输入数据加工后的结果。没有输出的算法是毫无意义的。

（5）可行性：算法可以解决问题并且能在计算机上运行。

二、算法的描述

可以用不同的方法来描述算法，常用的有以下几种：

（1）自然语言描述：即用人类自然语言（如中文、英文）来描述算法，同时还可插入一些程序设计语言中的语句来描述，这种方法也称为非形式算法描述。用自然语言描述算法，通俗易懂，但直观性很差，容易出现歧义。因此，除了很简单的问题以外，一般不用自然语言描述算法。

（2）伪代码：介于自然语言与编程语言之间。是一种近似于高级程序语言但是又不受语法约束的描述方式，相比高级程序语言它更类似于自然语言。但是复杂的算法（程序），由于伪代码相对比较随意，对算法的描述其实是不严谨的，容易出现推理漏洞。而且，伪代码描述过程因人而异，对问题的描述往往不够直观。

（3）流程图：通过基本图形中的框和流程线组成的流程图来表示算法，形象直观，简单方便。

三、流程图

以特定的图形符号加上说明来描述算法，称为程序流程图或框图。流程图常用符号如图 2-9 所示。

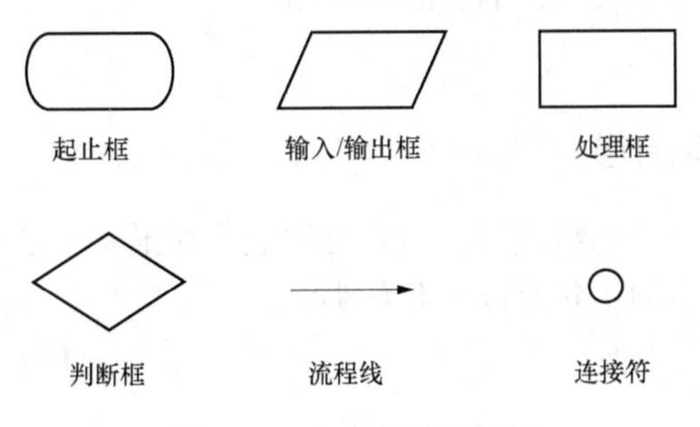

图 2-9 流程图常用符号

【例 2-12】 求解 1＋2＋3＋…＋100 的和，画出程序流程图。

解题思路：

先将当前求和数 i 初始化为 1，和值 sum 初始化为 0；当求和数 i 小于等于 100 时，和值 sum 等于已经计算的和值 sum 加上当前的求和数 i；然后将 i 的值增加 1，如此不断循环，直到 i 大于 100。这样，最后 sum 的值就是 1＋2＋3＋…＋100 的和，程序最后输出 sum。

根据此思路，画出的程序流程图如图 2－10 所示。

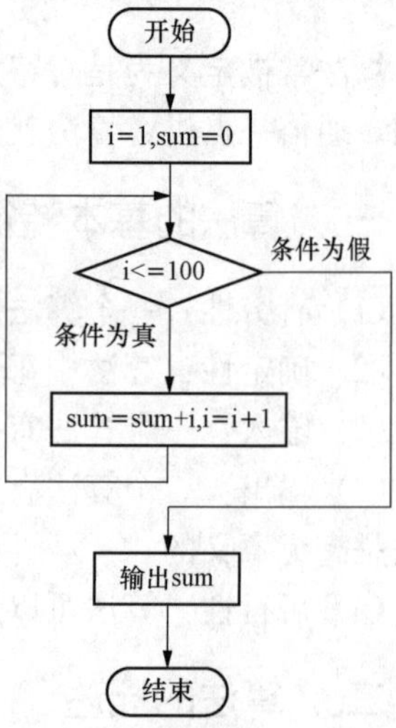

图 2－10　［例 2－12］程序流程图

四、 程序设计结构

结构化程序设计的一项基本要求就是在程序中使用顺序结构、选择结构、循环结构三种控制结构，三种基本结构包含了程序设计中算法要求的所有控制结构。

（1）顺序结构：顺序结构是三种结构中最简单的，程序按语句的先后顺序逐条执行，没有分支，没有转移。顺序结构流程图如图 2－11 所示。

（2）选择结构：选择结构表示程序的处理步骤出现了分支，它需要根据某一特定的条件选择其中的一个分支执行。选择结构流程图如图 2－12 所示。

（3）循环结构：循环结构表示程序反复执行某个或某些操作，直到某条件为假（或为真）时才可终止循环。循环结构有当型循环、直到型循环两种。循环结构流程图如图 2－13 所示。

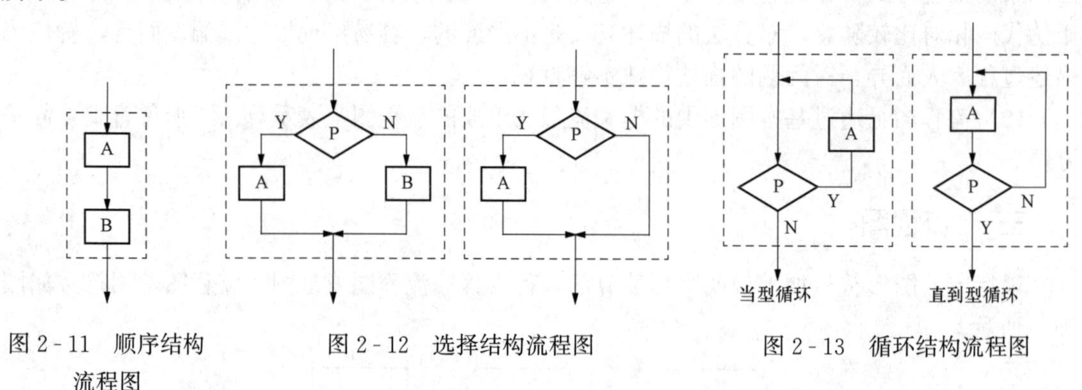

图 2－11　顺序结构流程图　　图 2－12　选择结构流程图　　图 2－13　循环结构流程图

五、 C 语言的基本语句

C 程序的执行部分是由语句组成的。语句是构造程序最基本的单位，程序的功能也是由执行语句实现的。C 语言中的语句有以下几种类型：

1. 说明性语句

说明性语句用于对程序中出现的名称和数据类型进行描述，在编译说明性语句时不会产生可执行的机器指令代码。例如：

```
int x,y,z;
float a,b;
```

当执行到说明语句时，系统将在内存中为被定义的变量分配存储单元。

注意：一个函数的函数体中的说明性语句应放在可执行语句之前。

2. 表达式语句

由运算符、常量、变量等可以组成表达式。表达式后面加分号构成的语句称为表达式语句，分号是C语言中语句的结束标志。执行表达式语句就是计算表达式的值。

例如，“a=5”是一个赋值表达式，而“a=5;”是一个赋值语句。

3. 复合语句

用一对大括号括起一条或多条语句，称为复合语句。复合语句的语句形式如下：

{ 语句1；语句2；…；语句n;}

例如：

```
{
  int a=0,b=1,sum;
  sum=a+b;
  printf("%d",sum);
}
```

注意：与C语言中的其他语句不同，复合语句不以分号作为结束符，若复合语句的“}”后面出现分号，那不是该复合语句的组成成分，而是单独的一个空语句。复合语句的“{}”内可能会有多个语句，但在语法上把它整体上视为一条语句。

4. 空语句

语句仅有一个分号“;”，它表示什么也不做。

5. 函数调用语句

由一个函数调用加一个分号构成。例如：

```
printf("HELLO!");
```

6. 控制语句

控制语句用于完成一定的控制功能。控制语句具体包括程序的选择控制语句、循环控制语句和跳转控制语句。C语言中的9种控制语句及其功能见表2-4。

表2-4　控制语句及其功能

语句种类	语句形式	功能说明
选择控制语句	if（）…else…	分支语句
	switch（）{}	多分支语句

续表

语句种类	语句形式	功能说明
循环控制语句	while（）…	循环语句
	do…while（）;	循环语句
	for（）…	循环语句
跳转控制语句	break	终止 switch 或循环语句
	continue	结束本次循环体语句
	goto	无条件转向语句
	return	返回语句

拓展练习：正整数逆序输出

通过键盘输入一个四位正整数，编写程序将其反向，并在屏幕显示输出结果。

算法设计：

（1）输入一个四位整数→n。

（2）利用算术运算符整除/和取余％将四位数分解，分别求出此四位正整数 n 的千位数 n4、百位数 n3、十位数 n2 和个位数 n1。具体实现如下：

求出 n 的千位数→n4：n4＝n/1000

求出 n 的百位数→n3：n3＝n％1000/100

求出 n 的十位数→n2：n2＝n％100/10

求出 n 的个位数→n1：n1＝n％10

（3）反向后的四位整数为 num＝n1＊1000＋n2＊100＋n3＊10＋n4。

（4）输出此四位数。

参考代码：

```
#include<stdio.h>
void main()
{
   int  n;                /* 输入变量* /
   int  n4,n3,n2,n1;      /* 中间变量* /
   int  num;              /* 结果变量* /
   printf("请输入一个四位整数:");
   scanf("%d",&n);
   n4=n/1000;
   n3=n3=n%1000/100;
   n2=n2=n%100/10;
   n1=n%10;
   num=n1*1000+n2*100+n3*10+n4;
   printf("反向后的四位数为:%d\n",num);
}
```

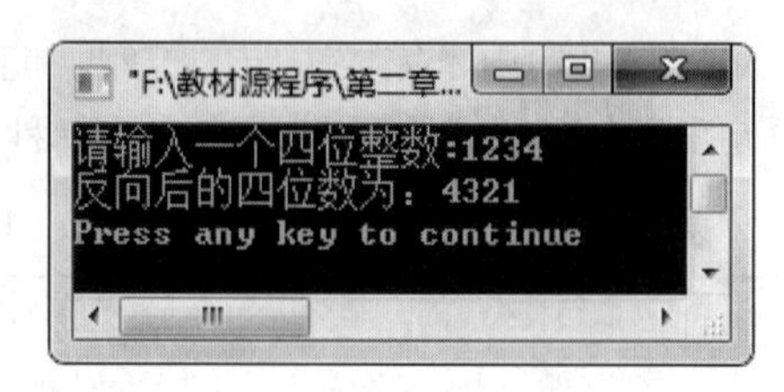

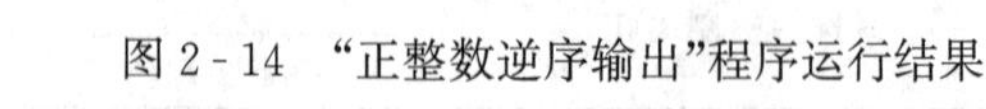
图 2-14 “正整数逆序输出”程序运行结果

程序运行结果如图 2-14 所示。

小 结

本章介绍了数据类型、常量和变量、运算符和表达式等C语言的一些基本要素，它们是构成程序的基本成分，但是只有这些成份是不够的，必须按照一定的规则将它们组合起来，才能形成一个完整的程序。本章结合典型案例介绍了算法和程序的三种基本控制结构等内容，说明了顺序结构程序设计的思想和方法。

习 题

一、判断题

1. 假定已有变量定义语句“int m=3，n=2;”，那么（float)(m/n）表达式的值是1.5。（ ）

2. C语言中，表达式1/2＊2的值为0。（ ）

3. “=”运算符用于判断两个数是否相等。（ ）

4. C语言本身不提供输入输出语句，但可以通过输入输出函数来实现数据的输入/输出。（ ）

5. 在使用函数scanf输入数据时必须与函数参数指定的输入格式一致。（ ）

6. getchar（）函数用于输入单个字符，putchar（）函数用于输出单个字符。（ ）

7. 运算符“%”的操作数不允许为单精度和双精度浮点型，允许为字符型和整型。（ ）

8. C语言允许在同一条语句中定义多个相同类型的变量，其间用分号进行分隔。（ ）

9. 不同类型的数据在内存中所占存储单元的大小不同，内部存储方式不同，取值范围不同，甚至能够参与的运算种类也不相同。（ ）

10. 在C语言中，保存字符串“B”实质上是保存字符'B'和'\0'两个符号。（ ）

二、选择题

1. C语言中，最基本的数据类型是________。

A. 整型、实型、逻辑型　　B. 整型、实型、字符型

C. 整型、字符型、逻辑型　　D. 整型、实型、逻辑型、字符型

2. 下面有关变量声明的说法中，正确的是________。

A. C语言中不用先声明变量，需要时直接使用即可

B. 每个变量的存储空间大小由数据类型和编译环境共同决定

C. 在VC++6.0环境下，为int型变量分配的存储空间大小为2个字节

D. 变量声明时，不能进行赋值操作

3. 若x和y为整型变量，对于scanf("a=%d，b=%d"，&x，&y)；语句，可使x和y的值分别为10和20的正确输入方法是________。

A. 10　20　　B. 10，20　　C. a=10　b=20　　D. a=10，b=20

4. 下列标识符中，不合法的用户标识符为________。

A. aBa　　B. _11　　C. a_1　　D. a&b

5. 下列标识符中，合法的用户标识符为________。

A. month　　B. 5xy　　C. int　　D. your name

6. ________是C语言提供的合法的数据类型关键字。

A. Boolean　　B. signed　　C. integer　　D. Char

7. 数字字符0的ASCII值为48，则以下程序运行后的输出结果是________。

```
#include<stdio.h>
void main()
{
  char a='1',b='2';
  printf("%c,",b++);
  printf("%d\n",b-a);
}
```

A. 3，2　　B. 50，2　　C. 2，2　　D. 2，50

8. 不正确的字符串常量是________。

A. 'abc'　　B. "12'12"　　C. "0"　　D. " "

9. 以下程序运行后的输出结果是________。

```
#include<stdio.h>
void main()
{
  char c;
  c= 'B'+ 32;
  printf("%c\n",c);
}
```

A. B　　B. b　　C. B32　　D. b32

10. 已知字母A的ASCII码为十进制数65，且c2为字符型，则执行语句c2='A'+'6'-'2'；后，c2中的值为________。

A. 69　　B. C　　C. D　　D. E

三、填空题

1. C语言只有________个关键字和________种控制语句。

2. C语言的标识符只能由字母、数字和________三种字符组成。

3. C语言中的空语句就是________。

4. 复合语句是由一对________括起来的若干语句组成。

5. C语言的数据类型有四大类，分别是________、________、________、________。

6. 在C语言中，程序运行期间，其值不能被改变的量称为________。

7. 在C语言中，实数有两种表现形式，是________和________。

8. 求解赋值表达式a=（b=10）%（c=6），表达式及a、b、c的值依次为________。

9. C的字符串常量是用________括起来的字符序列。

10. 若整型变量 a、b、c、d 中的值依次为 1、2、3、4，则表达式 a+b/d * c 的值是__________。

四、编程题

1. 设长方形的高为 1.5，宽为 2.3，编程求该长方形的周长和面积。

2. 把从键盘输入的大写字母转换成小写字母输出，若为小写字母或其他字符，则不做任何转换直接输出。设计该问题的算法，画出流程图。

3. 从键盘输入 3 个数，找出其中最小的那个数，将其输出到屏幕。将算法用流程图来表示。

4. 请编写一个程序，在屏幕上打印输出以下格式信息。

```
**************
I love China!
**************
```

第三章　选择结构程序设计

内容概述

用顺序结构只能解决简单的问题，进行简单的计算。在实际生活中，往往要根据不同的情况做出不同的选择，即给出一个条件，让计算机判断是否满足条件，并按照不同的情况进行处理。C 语言提供了可以进行逻辑判断的选择语句，由选择语句构成的选择结构将根据逻辑判断的结果决定程序的不同流程。选择结构是结构化程序设计的三种基本结构之一。本章将详细介绍如何在 C 程序中实现选择结构。

知识目标

掌握关系运算和关系运算表达式；
掌握逻辑运算和逻辑运算表达式；
理解选择结构程序设计的基本思想和设计方法；
掌握 if 语句的构成形式；
掌握 switch 语句的构成形式。

能力目标

能依据实际问题完成程序流程图的绘制；
能依据程序流程图写出程序代码；
能准确运用关系和逻辑表达式；
能够进行双分支和多分支选择结构的程序设计；
能够排查程序中的错误。

案例一　成绩通过通知

案例分析与实现

案例描述：

编程实现，输入 C 语言课程的百分制成绩，如果大于等于 60 分，则输出“成绩及格！”；否则输出“成绩不及格！”。

案例分析：

本案例不像前面编写的程序那样，按照语句的书写顺序执行即可，而是要根据所给条件的真假，选择两分支其中之一执行。也就是，根据输入的成绩是否大于等于 60 分，判断输出为“成绩及格”还是“成绩不及格”。可以选用控制语句中的 if 语句实现选择结构。

案例实现代码：

```
#include<stdio.h>
void main()
{
int score;
printf("请输入 C 语言课程百分制成绩: ");
scanf("%d",&score);
if(score>=60)
  printf("成绩及格! \n");
else
  printf("成绩不及格! \n");
}
```

程序运行结果如图 3-1 所示。

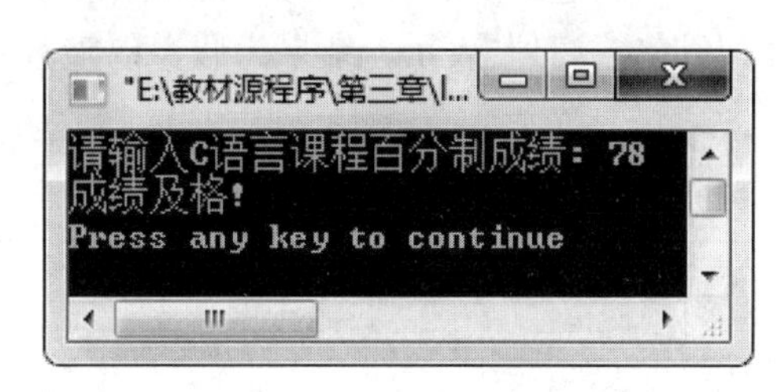

图 3-1 案例一运行结果

由本案例可以看出选择结构是根据给定的条件来决定做什么操作。要实现选择结构，首先要解决如何描述要判断的条件。

相关知识：条件判断表达式

在 C 语言中，条件一般用关系运算符和逻辑运算符表示，条件的判断是通过对关系表达式和逻辑运算表达式求值来实现的。

一、关系运算符与关系表达式

1. 关系运算符

在程序中经常需要比较两个量的大小关系，以决定程序下一步的工作。比较两个量的运算符称为关系运算符。

在 C 语言中有 6 种关系运算符：<、<=、>、>=、==、!=。

关系运算符都是双目运算符，其结合性均为左结合。关系运算符的优先级低于算术运算符，高于赋值运算符。在 6 种关系运算符中，<、<=、>、>=的优先级相同，高于==和!=、==和!=的优先级相同。

2. 关系表达式

由关系运算符将两个表达式连接起来的有意义的式子称为关系表达式。

关系表达式的一般形式如下：

表达式　关系运算符　表达式

例如：

```
a+b>c-d
x>3/2
```

'a'+1<c

-i-5*j==k+1

以上都是合法的关系表达式。由于表达式也可以又是关系表达式，因此也允许出现嵌套的情况。

例如：

a>(b>c)

a!=(c==d)

关系表达式的运算结果是一个逻辑值，即“真”或“假”。在C语言中关系运算结果为真，以整数“1”表示，结果为假，以整数“0”表示。6种关系运算符及其应用详见表3-1。

表3-1 关系运算符

运算符	名称	应用举例
>	大于	6>6.5 //表达式的值为0
>=	大于等于	6>=5 //表达式的值为1
<	小于	6<6.5 //表达式的值为1
<=	小于等于	6<=5 //表达式的值为0
==	相等	6==6 //表达式的值为1
!=	不相等	6!=6 //表达式的值为0

【例3-1】 关系运算。

```
#include<stdio.h>
void main()
{
   int n;
   float a,b,c;
   a=7.2; //对变量a赋值为7.2
   b=6.5; //对变量b赋值为6.5
   c=8.9; //对变量c赋值为8.9
   n=a>b>c; //表达式n=a>b>c等价于n=((a>b)>c)
   printf("n=%d,a=%f, b=%f,c=%f\n", n,a,b,c);
}
```

程序运行结果如图3-2所示。

图3-2 ［例3-1］程序运行结果

二、 逻辑运算符与逻辑表达式

1. 逻辑运算符

逻辑运算符是确定两个操作数逻辑关系的符号。

C语言中提供的三种逻辑运算符及运算法则见表3-2。

“!”的优先级高于算术运算符，“&&”和“‖”的优先级都低于算术运算符和关系运算符，高于赋值运算符，同时“&&”优先级又高于“‖”。

表3-2 **逻辑运算符及运算法则**

运算符	运算名称	运算对象个数	运算法则	结合性
&&	逻辑与	双目	当两个操作对象都为“真”时，运算结果为“真”，其他情况运算结果都为“假”	左结合
||	逻辑或	双目	只有当两个操作对象都为“假”，运算结果才为“假”，其他情况运算结果都为“真”	左结合
!	逻辑非	前置单目	当操作对象为“真”时，运算结果为“假”；当操作对象为“假”时，运算结果为“真”	右结合

2. 逻辑表达式

用逻辑运算符将两个表达式连接起来的式子称为逻辑表达式。

逻辑表达式的一般形式如下：

单目逻辑运算符 表达式

表达式 双目逻辑运算符 表达式

逻辑表达式可以用来进行更为复杂的比较，例如，15<=a<20 可以表示为 a>=15&&a<20。

在处理逻辑表达式时应注意：

(1) C语言编译系统在给出逻辑运算结果时，以0代表“假”，以1代表“真”。但在判断一个逻辑量“真假”时，以非0表示“真”，以0表示“假”。例如，当a=8，b=3，c='a'时，! a，! b，! c的值均为“假”，即为0。a&&b的值为1，因为a和b均为非0。

(2) 在进行逻辑运算时，逻辑表达式运算到其值完全确定时为止。例如，运算表达式(a=3) && (a==5) && (a=6) 时，由于a=3之后运算a==5的值为假，所以就不再进行a=6的运算了，整个逻辑表达式的值为0。

【例3-2】 判断变量x中的值是否为大写字母，如何书写条件判断表达式？

大写字母的范围是'A'～'Z'，对应ASCII码值为65～90；那么条件判断表达式可以写为

x>='A' && x<='Z' 或 x>=65&&x <=90

【例3-3】 判断变量x中的值是否为字母，如何书写条件判断表达式？

大写字母是'A'～'Z'，ASCII码值为65～90；小写字母是'a'～'z'，ASCII码值为97～122。即大小写字母之间并不连续，所以表达式需分成两段。那么条件判断表达式可以写为

(x >='A' && x<='Z') ‖ (x>='a' && x<='z')

或（x>=65 && x<=90）‖（x>=97 && x<=122）

【例3-4】 判断某一年变量year的值是否为闰年，如何书写条件判断表达式?

能被4整除，但不能被100整除称为闰年，或者能被400整除也称为闰年，那么条件判断表达式可以写为

year%4==0&&year%100！=0‖year%400==0

【例3-5】 判断变量a、b、c中的值能否构成直角三角形，如何书写条件判断表达式?

判断直角三角形的条件是满足“勾股定理”。那么条件判断表达式可以写为

（a*a+b*b==c*c）‖（a*a+c*c==b*b）‖（b*b+c*c==a*a）

拓展练习：三角形构成条件

从键盘上输入三角形三边的长，如果能构成三角形，则求该三角形的面积；否则提示数据有错“输入错误！不能构成三角形!”。

参考代码：

```
#include<stdio.h>
#include<math.h>
void main()
{
   float a,b,c,s,area;
   printf("输入三角形三边:");
   scanf("%f,%f,%f",&a,&b,&c);
   if(a>0&&b>0&&c>0&&a+b>c&&a+c>b&&b+c>a)   /* 判断是否能构成三角形* /
   {
      s= (a+b+c)/2;
      area=sqrt(s* (s-a)* (s-b)* (s-c));
      printf("三角形面积为:%.2f\n",area);
   }
   else
      printf("输入错误！不能构成三角形！\n");
}
```

程序运行结果如图3-3所示。

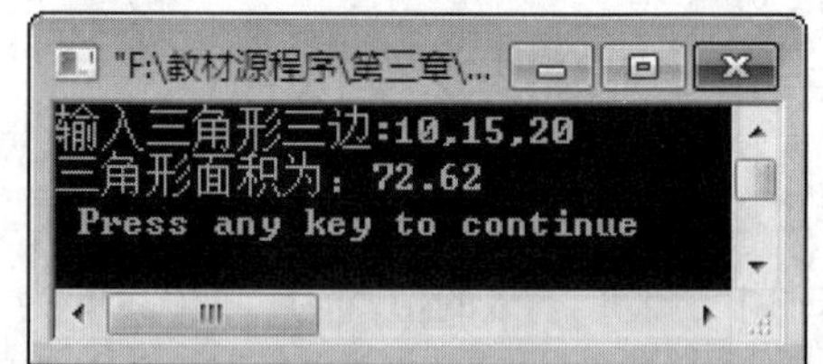

图3-3 “三角形构成条件”程序运行结果

案例二　商场促销活动收费程序

案例分析与实现

案例描述：

某商场举行满额打折的促销活动，编写一个收款程序，根据顾客购买商品的消费总额，算出顾客实际应付金额。折扣标准如下：

购买商品总额超过 10000 元（含 10000 元），打 5 折；
购买商品总额超过 8000 元（含 8000 元），打 6 折；
购买商品总额超过 5000 元（含 5000 元），打 7 折；
购买商品总额超过 3000 元（含 3000 元），打 8 折；
购买商品总额超过 1000 元（含 1000 元），打 9 折；
购买商品总额小于 1000 元，不打折。

案例分析：

要计算顾客实际应付金额，应首先判断顾客购买商品的消费总额所属的打折范围，定义变量 total 为顾客购买商品的消费总额，income 为顾客实际应付金额，根据折扣标准则顾客实际付款金额如下：

当 total>=10000 时，income =total * 0.5；
8000<=total<10000 时，income=total * 0.6；
5000<=total<8000 时，income=total * 0.7；
3000<=total<5000 时，income=total * 0.8；
1000<=total<3000 时，income=total * 0.9；
total<1000 时，income=total。

不同折扣有不同的消费总额要求，即每种实现的条件都有所不同，所以需要使用 if 的多分支语句判断。

案例实现代码：

```
#include<stdio.h>
void main()
{
  float total,income;
  printf("请输入购买商品消费总额(元):");
  scanf("%f",&total);
  if(total>=10000)          income=total*0.5;
  else if(total>=8000)        income=total*0.6;
        else if(total>=5000)       income=total*0.7;
             else if(total>=3000)       income=total*0.8;
                   else if(total>=1000)       income=total*0.9;
                        else                 income=total;
  printf("应付金额:%g 元\n",income);
}
```

程序运行结果如图 3-4 所示。

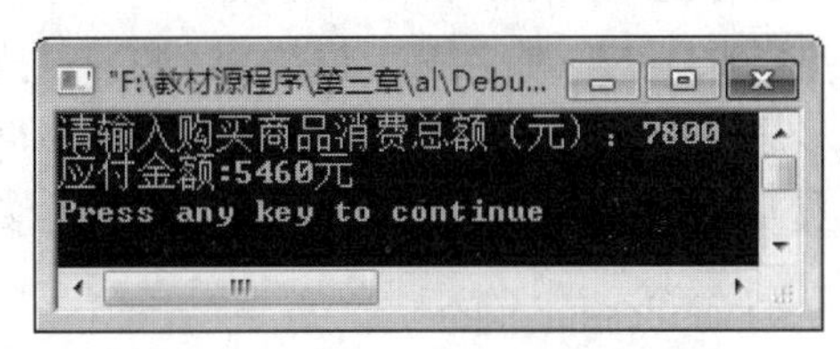

图 3-4　案例二程序运行结果

相关知识：if 语句

选择结构又称为分支结构，是结构化程序设计中的一种重要的程序控制结构。根据逻辑判断的结果决定程序的不同流程。选择结构中最常用的语句是 if 语句。

if 语句中包含三种基本形式，单分支 if 语句、双分支 if 语句和多分支 if 语句。

一、 单分支 if 语句

单分支 if 语句是最简单的条件判断语句，其一般形式如下：

if（条件判断表达式）　语句

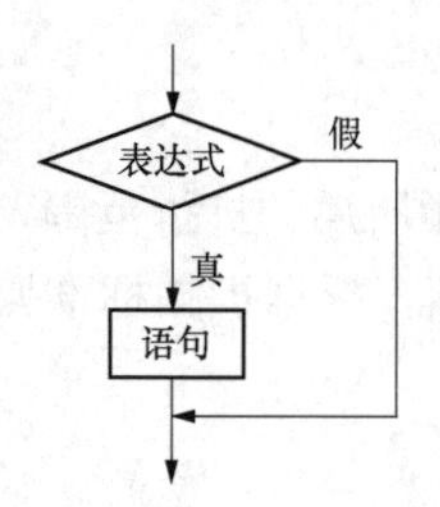

图 3-5　单分支 if 语句流程图

执行过程：先计算条件判断表达式的值，如果条件判断表达式的值为真，则执行其后的语句，否则不执行该语句。其执行流程如图 3-5 所示。

关于单分支 if 语句的说明：

（1）if（条件判断表达式）中的“条件判断表达式”可以是任何符合 C 语言语法的表达式，其值为“非零”表示真；其值为“零”表示假。

（2）if（表达式）只能自动结合一条语句。如果有多条语句，必须用花括号括起来构成复合语句，因为复合语句在语法上相当于一条语句；如果仅有一条语句，则可以省略花括号。

【例 3-6】 从键盘输入两个整数，使用单分支 if 语句编写程序，求其中的较大数。

算法流程图如图 3-6 所示。

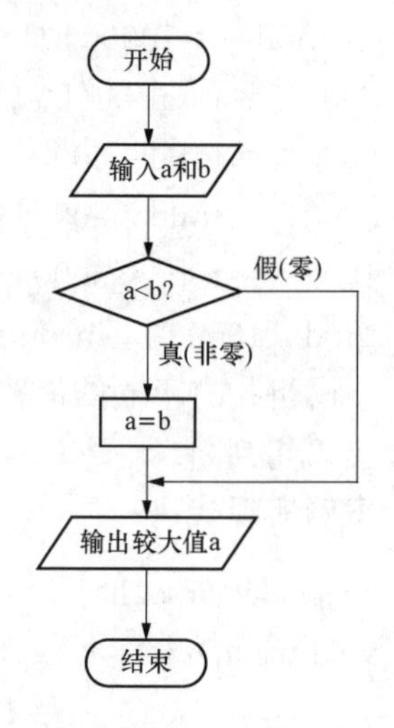

图 3-6　［例 3-6］算法流程图

```
#include<stdio.h>
void main()
{
    int  a, b;
    printf("请输入 2个整数:");
    scanf("%d%d", &a,&b);
    if(a<b)
    a=b;
    printf("较大值:%d\n",a);
}
```

程序运行结果如图 3-7 所示。

图 3-7　［例 3-6］程序运行结果

【例 3-7】 输入三个整数 x、y、z，按从大到小的顺序排序输出。

思路：要将三个数按大小顺序输出，可以将三个数两两比较，如果后面的数大就将两数位置互换，这样依次比较，就实现了三个数的排序。

```
#include<stdio.h>
void main()
{
```

```
    int a,b,c,t;
    printf("请输入三个整数(用逗号分隔):\n");
    scanf("%d,%d,%d",&a,&b,&c);
    if(a<b)
      {t=a;a=b;b=t;}
    if(a<c)
      {t=a;a=c;c=t;}
    if(b<c)
      {t=b;b=c;c=t;}
    printf ("%d,%d,%d\n",a,b,c);
}
```

程序运行结果如图 3-8 所示。

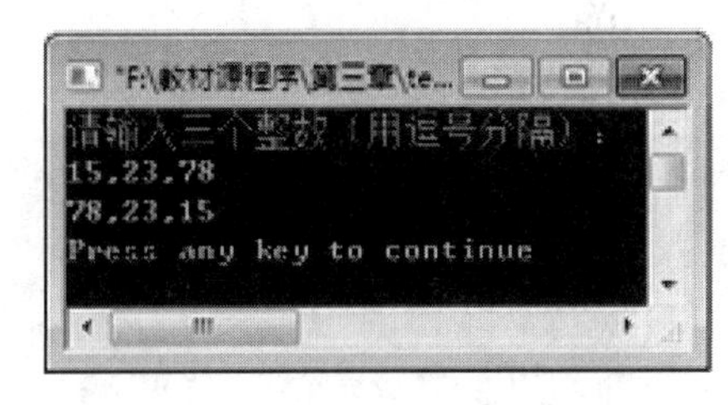

图 3-8 [例 3-7]程序运行结果

二、 双分支 if 语句

双分支 if 语句是指由某个条件的两种取值（真或假）构成两个分支，任何时候都会执行其中一个分支，这便形成了“二选一”的结构。双分支 if 语句的一般形式如下：

```
if (条件判断表达式)
    语句 1
else
    语句 2
```

执行过程：先判断“条件判断表达式”的值，如果值为真（非零），则执行“语句 1”；如果值为假（零），则执行语句 2。可见，语句 1 和语句 2 不会同时执行，也不会都不执行，总是从二者中选其一执行，因此称为双分支选择结构。双分支 if 语句的执行流程如图 3-9 所示。

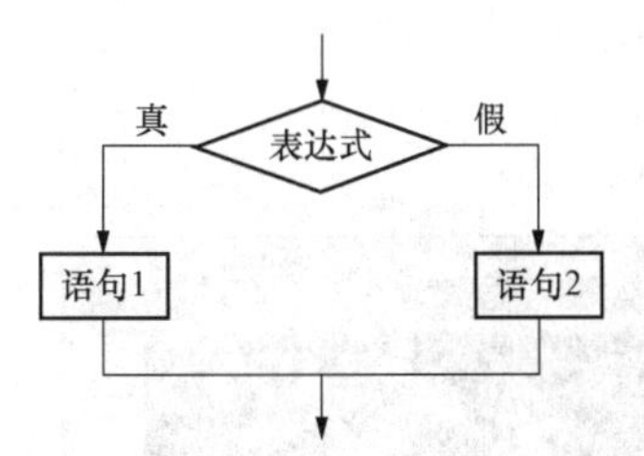

图 3-9 双分支 if 语句流程图

关于双分支 if 语句的说明：

（1）关键字 if 后面必须有“表达式”，而关键字 else 后面不能有“表达式”。

（2）if 分支和 else 分支都是只能自动结合一条语句，当有多条语句时，必须用花括号括起来构成复合语句，因为复合语句在语法上相当于一条语句。

（3）else 不能单独存在，必须有对应的 if 与之配套使用，即 if 和 else 应成对出现。因此在双分支 if 语句中，“if（表达式）”的后面一定不能加分号，如果加了分号，就构成了语法错误。

（4）关键字 else 后面不能有“表达式”，也不能加分号，如果加了分号，就构成了逻辑错误。

【例 3-8】 从键盘输入三个整数，使用双分支 if 语句编写程序，求其中的最大数。

思路：首先取一个数假定为 max（最大值），然后将 max 依次与其余的数逐个比较，如果发现有比 max 大的数，就用它给 max 重新赋值，比较完所有的数后，max 中的数就是最大值。这种方法常常用来求多个数中的最大值（或最小值）。

```
#include<stdio.h>
void main()
{
    int a,b,c,max;
    printf("请输入三个整数: ");
    scanf("%d,%d,%d",&a,&b,&c);
    if(a>b)
        max=a;
    else
        max=b;
    if(max<c)
        max=c;
    printf("最大数是%d\n",max);
}
```

图 3-10 [例 3-8]程序运行结果

程序运行结果如图 3-10 所示。

【例 3-9】 从键盘输入一个字母，如果它是大写字母，则将它转换成小写字母；如果是小写字母，则将它转换为大写字母。输出最后得到的字符。

思路：需要先判断字符是大写还是小写，因为如果是大写字母，就是大写字母转换小写，如果是小写字母，就是小写字母转换大写字母。两种转换具有不同的方法，应执行不同的语句。

```
#include<stdio.h>
void main()
{
    char ch;
    printf("请输入一个字母: ");
    scanf("%c",&ch);
    if (ch>='A'&& ch<='Z')
        ch=ch+32;
    else
        ch=ch-32;
    printf("%c\n",ch);
}
```

图 3-11 [例 3-9]程序运行结果

程序运行结果如图 3-11 所示。

【例 3-10】 从键盘输入一个整数，判断这个数是奇数还是偶数。

思路：要判断输入的整数是奇数还是偶数，可以将该整数除以 2 看余数是 0 还是 1，如果等于 0，则输出该数是偶数；否则，输出该数是奇数。算法流程图如图 3-12 所示。

```
#include<stdio.h>
void main()
```

```
{
int m;
printf("请输入一个整数:");
scanf("% d",&m);
if(m% 2==0)
printf("该数是偶数! \n");
else
printf("该数是奇数! \n");
}
```

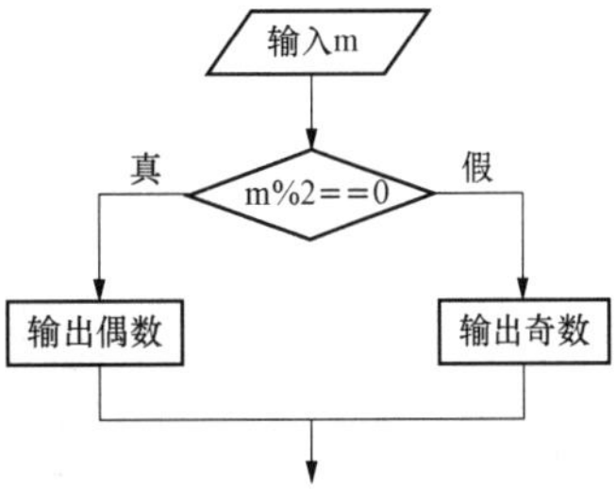

图 3-12 [例 3-10]流程图

程序运行结果如图 3-13 所示。

图 3-13 [例 3-10] 程序运行结果

三、 多分支 if 语句

C 语言中可以由 if…else if…else…语句构成多分支结构。

一般形式如下：

```
if (表达式 1)
语句 1
else if (表达式 2)
    语句 2
    ...
    else if (表达式 n)
        语句 n
        else
        语句 n+1
```

执行过程：首先依次判断表达式 1 的值，若其值为真就执行语句 1，若其值为假就继续判断表达式 2，依次类推，如果所有表达式都为假，就执行语句 n+1。流程图如图 3-14 所示。

关于多分支 if 语句的说明：

(1) 多分支 if 语句的“表达式”都放在关键字 if 后面，不能放在 else 后面。

(2) 对于最后一个分支，如果需要判断条件就写成“else if (表达式 n) {语句 n;}”；如果不需要判断条件就写成“else {语句 n;}”。

(3) 对于多分支 if 语句，每个分支仅能自动结合一条语句，若有多条语句，必须加花括号。

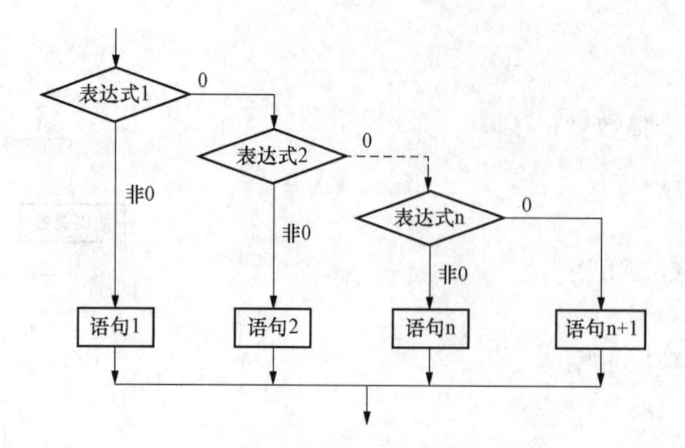

图 3-14 多分支 if 语句流程图

【例 3-11】 从键盘输入一个字符，判断该字符的类型。

思路：可以根据输入字符的 ASCII 码来判断其属于什么类型。由常用字符 ASCII 码表可知，128 个常用字符，其中 ASCII 码值小于 32 的为控制字符；'0'～'9'为数字字符；'a'～'z'为小写字母；'A'～'Z'为大写字母；其余 34 个为专用字符如（%，+、#等）。

```
#include<stdio.h>
void main()
{
   char c;
   printf("请输入一个字符: ");
   c=getchar();
   if(c<32)
   printf("这是一个控制字符！\n");
   else if(c>='0'&& c<='9')
         printf("这是一个数字字符！\n");
       else if(c>='A' && c<='Z')
               printf("这是一个大写字母！\n");
             else if(c>='a' && c<='z')
                    printf("这是一个小写字母！\n");
                  else   printf("这是一个专用字符！\n");
}
```

程序运行结果如图 3-15 所示。

图 3-15 ［例 3-11］程序运行结果

四、 if语句的嵌套

在一个 if 语句中又包含另一个 if 语句，从而构成了 if 语句的嵌套结构。单分支 if 语句、双分支 if 语句、多分支 if 语句可以相互嵌套。

其一般形式如下：

```
if (表达式)
   if (表达式)    语句 1;
   else           语句 2;
else
   if (表达式)    语句 3;
   else           语句 4;
```

说明：

(1) if 语句的嵌套结构不是刻意去追求的，而是在解决问题过程中随着解决问题的需要而采用的。嵌套结构编程时书写格式要有层次感，内层嵌套的语句应向后缩进。好的程序员应该养成这一习惯，以便他人理解程序以及将来维护程序。

(2) 书写多层嵌套结构的程序时，应在每个分支处加花括号，以增加程序的可读性。若没有加花括号，则系统会根据就近配对原则进行各分支的匹配。所谓“就近配对原则”是指：else 子句总是和前面距离它最近的但是又不带其他 else 子句的 if 语句配对使用，与书写格式无关。

【例 3-12】 从键盘输入一个分数，打印该分数对应的级别。0～59 分属于“不及格”；60～79 分属于“中等”；80～89 分属于“良好”；90～100 分属于“优秀”；其他数据输出“无效成绩”。算法流程图如图 3-16 所示。

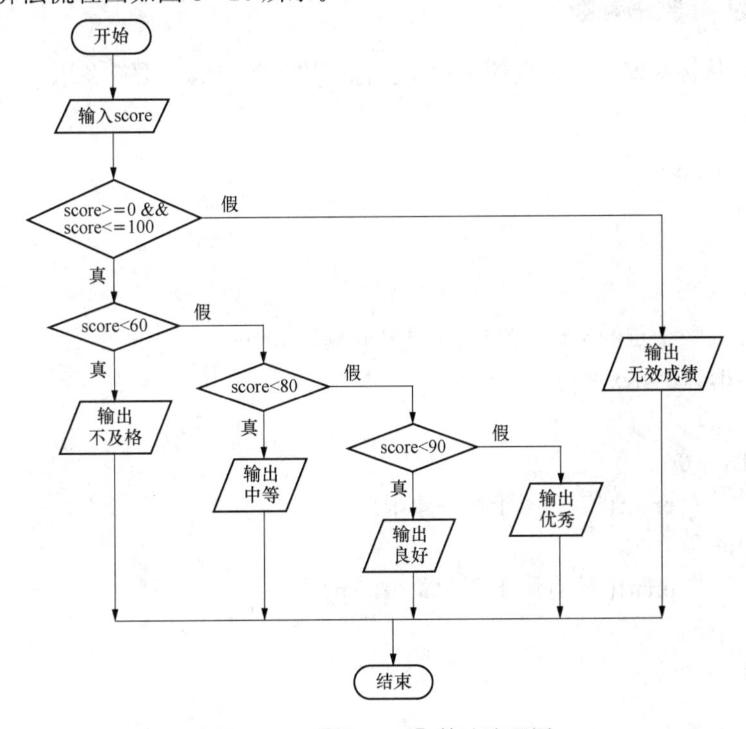

图 3-16 ［例 3-12］算法流程图

```
#include<stdio.h>
void main()
{
   int   score;
   printf("请输入一个分数: ");
   scanf("%d", &score);
   if(score>=0 && score<=100)
   {   if(score<60)
         printf("不及格\n");
       else if(score<=79)
             printf("中等\n");
           else if( score<=89)
                 printf("良好\n");
               else
                 printf("优秀\n");
   }
   else
     printf("无效的分数\n");
}
```

程序运行结果如图3-17所示。

图3-17 ［例3-12］程序运行结果

拓展练习：象限判断

编程实现，从键盘输入一个点的x和y坐标，输出该点属于哪个象限。

参考代码：

```
#include<stdio.h>
void main()
{
   int x,y;
   printf("输入一个点的x和y坐标(用逗号分隔): \n");
   scanf("%d,%d",&x,&y);
   if(x> 0)
         if(y> 0)
               printf("该点属于第一象限! \n");
         else
               printf("该点属于第四象限! \n");
   else
         if(y> 0)
```

```
            printf("该点属于第二象限! \n");
        else
            printf("该点属于第三象限! \n");
}
```

程序运行结果如图 3-18 所示。

```
"F:\教材源程序\第三章\tz\Debug\t...
输入一个点的x和y坐标(用逗号分隔):
-20,30
该点属于第二象限!
Press any key to continue
```

图 3-18 “象限判断”程序运行结果

案例三 季 节 判 断

案例分析与实现

案例描述:

编写程序根据用户输入的月份输出对应的季节，其中，2～4 月为春季，5～7 月为夏季，8～10 月为秋季，11～1 月为冬季。

案例分析:

这是一个 if 语句的嵌套结构，外层用双分支结构判断输入是否在 1 到 12 之间，内层用多分支结构判断输入月份属于哪个季节。

案例实现代码:

```
#include<stdio.h>
void main()
{
  int n;
  printf("请输入一个月份:\n");
  scanf("%d",&n);
  if(n>=1&&n<=12)
    {
      switch(n)
      {
        case 2:
        case 3:
        case 4: printf("现在是春季! \n");break;
        case 5:
        case 6:
        case 7: printf("现在是夏季! \n");break;
        case 8:
        case 9:
        case 10:printf("现在是秋季! \n");break;
        default:printf("现在是冬季! \n");break;
      }
```

```
    }
    else printf("您输入的月份无效! \n");
}
```

程序运行结果如图 3-19 所示。

图 3-19　案例三程序运行结果

相关知识：switch 语句

使用 if 语句实现复杂问题的多分支选择时，程序的结构显得不够清晰，因此，C 语言提供了一种专门用来实现多分支选择结构的 switch 语句，又称开关语句。

switch 语句的一般形式如下：

```
switch（表达式）
{
  case 常量表达式 1：语句 1；break；
  case 常量表达式 2：语句 2；break；
  …
  case 常量表达式 n：语句 n；break；
  [default：语句 n+1；]
}
```

功能：首先计算 switch 后表达式的值，然后将该值与各常量表达式的值相比较。当表达式的值与某个常量表达式的值相等时，即执行其后的语句，当执行到 break 语句时，则跳出 switch 语句，转向执行 switch 语句下面的语句。如果表达式的值与所有 case 后的常量表达式的值均不相同，则执行 default 后面的语句。若没有 default 语句，则退出此开关语句。

说明：

（1）switch 后面的表达式可以是 int、char 和枚举型中的一种。

（2）常量表达式后的语句可以是一个语句，也可以是复合语句或是另一个 switch 语句。

（3）各 case 及 default 子句的先后次序不影响程序执行结果，但 default 通常作为开关语句的最后一个分支。

（4）每个 case 后面常量表达式的值必须各不相同，否则会出现相互矛盾的现象。

（5）switch 语句中允许出现空的 case 语句，即多个 case 共用一组执行语句。

（6）break 语句在 switch 语句中是可选的，它是用来跳过后面的 case 语句，结束 switch 语句，从而起到真正的分支作用。如果省略 break 语句，则程序在执行完相应的 case 语句后不能退出，而是继续执行下一个 case 语句，直到遇到 break 语句或 switch 结束。

【例 3 - 13】 假设用 0、1、2、…、6 分别表示星期日、星期一……星期六。现输入一个数字，输出对应的星期几的英文单词。例如输入 3，就输出 Wednesday。使用 switch 语句编写程序。

```
#include<stdio.h>
void main()
{
int   n;
printf("请输入一个数字: ");
scanf("%d", &n);
switch(n)
{
  case 0:    printf("Sunday\n");break;
  case 1:    printf("Monday\n");break;
  case 2:    printf("Tuesday\n");break;
  case 3:    printf("Wednesday\n");break;
  case 4:    printf("Thursday\n");break;
  case 5:    printf("Friday\n");break;
  case 6:    printf("Saturday\n");break;
  default:   printf("Error\n");
}
}
```

图 3 - 20 ［例 3 - 13］程序运行结果

程序运行结果如图 3 - 20 所示。

注意：

（1）常量表达式与 case 之间至少应有一个空格，否则可能被编译系统认为是语句标号，如 case1，并不出现语法错误，这类错误较难查找。

（2）每个 case 只能列举一个整型或字符型常量，否则会出现语法错误。

（3）switch 语句结构清晰，便于理解，用 switch 语句实现的多分支结构程序，完全可以用 if 语句来实现，但反之不然。原因是 switch 语句中的表达式只能取整型、字符型和枚举型值，而 if 语句中的表达式可取任意类型的值。

拓展练习：四则运算

从键盘输入两个数，以及一个合法的算术运算符（+、-、*、/），根据输入的运算符判断对这两个数进行何种运算，并输出运算结果（要求结果保留两位小数）。

思路：这是一个进行加、减、乘、除的四则运算计算程序；根据输入的加、减、乘、除的符号，选择对应的运算式；可以用 switch 来完成，也可以用 if 语句的嵌套来完成；做除法时要考虑除数为 0 的情况。

方法一：使用 switch 语句编写程序。

```
#include<stdio.h>
void main()
{
   float a，b;
   char oper;
   printf("请输入算式(如 5.2+6.3=):");
   scanf("%f%c%f"，&a,&oper,&b);
   switch(oper)
   {
    case'+':printf("%.2f\n",a+b);break;
    case '-':printf("%.2f\n",a-b);break;
    case '*':printf("%.2f\n",a*b);break;
    case '/':if(b==0)
             printf("除数不能为零\n");
             else
             printf("%.2f\n",a/b);break;
    default:printf("无效的运算符\n");
  }
}
```

方法二：使用多分支 if 语句编写程序。

```
#include<stdio.h>
void main()
{
   float a，b;
   char oper;
   printf("请输入算式(如 5.2+6.3):");
   scanf("%f%c%f",&a,&oper,&b);
   if(oper=='+')
   printf("%.2f\n",a+b);
   else if(oper=='-')
         printf("%.2f\n",a-b);
         else if(oper=='*')
               printf("%.2f\n",a*b);
               else if(oper=='/')
                      if(b==0)   printf("除数不能为零\n");
                      else       printf("%.2f\n",a/b);
                  else           printf("无效的运算符\n");
}
```

程序运行结果如图 3-21 所示。

图 3-21　“四则运算”程序运行结果

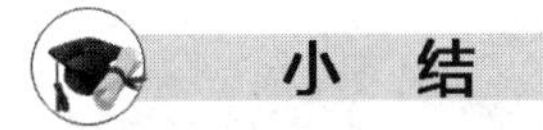

小　结

本章结合三个案例主要介绍了选择结构程序设计中的条件表达式的书写、if 语句和 switch 语句。

在选择结构程序设计时，需要判断相应条件是否成立，将这些条件称为条件判断表达式，条件判断表达式可以是任何类型的表达式，如逻辑型、关系型、数值型等，单个已赋过值的变量或常量也可以作为表达式的特例。

if 语句包括单分支、双分支和多分支三种形式，在使用 if 语句时应注意：如果 if 语句的 if 子句或 else 子句是多个语句时，要用花括号“{ }”括起来构成复合语句，花括号“}”外面不需要再加分号，但括号内最后一个语句后面的分号不能省略。

switch 语句主要用于实现多分支选择，其中的 break 语句是可选项，它是用来跳过后面的 case 语句，结束 switch 语句，从而起到真正的分支作用。如果省略 break 语句，则程序在执行完相应的 case 语句后不能退出，而是继续执行下一个 case 语句，直到遇到 break 语句或 switch 结束。所以初学者特别需要注意，在使用 switch 编写多分支程序时，有无 break 语句会得到两种截然不同的结果。

习　题

一、判断题

1. 关系运算符是双目运算符，其功能是将两个运算对象进行大小比较。（　　）

2. 对于与运算“&&”，只有当两个运算对象都为真时运算结果才为真。（　　）

3. 在 C 语言中，逻辑运算符的优先级高于算术运算符和关系运算符。（　　）

4. 条件可以是任何类型的表达式，如逻辑型、关系型、数值型等，单个已赋过值的变量或常量也可以作为表达式的特例。（　　）

5. else 子句不能单独作为语句使用，它是 if 语句的一部分，必须与 if 配对使用。（　　）

6. C 语言规定，else 总是与它上面最远的 if 配对。（　　）

7. 在 switch 语句中，每一个 case 后的常量表达式的值不能相同，因为选择结构中只允许一个分支所对应的语句组被执行。（　　）

8. 在执行 switch 选择结构时，从匹配表达式的相应 case 处入口，一直执行到 break 语句或到达 switch 的末尾为止。（　　）

9. 在 C 语言中，运算符“=”与“==”的含义都是等于。（　　）

10. 在C语言中，所有的逻辑运算符的优先级都一样。（ ）

二、选择题

1. 判断char型变量ch是否为小写字母的正确表达式是________。

A. 'a'<=ch<='z'

B. （ch>='a'）&（ch<='z'）

C. （ch>='a'）&&（ch<='z'）

D. （'a'<=ch）AND（'z'>=ch）

2. 为表示关系100≥b≥0，应使用C语言表达式________。

A. （100>=b）&&（b>=0） B. （100>=b）and（b>=0）

C. 100>=b>=0 D. （100>=B）&&（B>=0）

3. 以下运算符中优先级最高的运算符为________。

A. ! B. &&C. ! =D. %

4. 执行以下程序段后，输出结果是________。

```
int a=3,b=5,c=7;
if(a>b)   a=b;c=a;
if(c!=a) c=b;
printf("%d，%d，%d\n",a,b,c);
```

A. 程序段有语法错误 B. 3，5，3

C. 3，5，5 D. 3，5，7

5. 若有定义：float x = 1.5；int a = 1，b = 3，c = 2;，则正确的switch语句是________。

A. switch（x）//（）里为整型，字符，枚举

```
{case 1.0：printf(" * \n")；
 case 2.0：printf(" * * \n")；}
```

B. switch（int（x））

```
{case 1：printf(" * \ n")；
 case 2：printf(" * * \n")；}
```

C. switch（a+b）

```
{case 1：printf(" * \n")；
 case 2+1：printf(" * * \n")；}
```

D. switch（a+b）

```
{case 1：printf(" * \n")；
 case c：printf(" * * \n")；}
```

6. 执行以下程序段后，x的值为________。

```
int a=14,b=15,x;
char c='A';
x=(a&&b)&&(c<'B');
```

A. true B. 1 C. falseD. 0

7. 若 a 是数值类型，则逻辑表达式（a==1)||(a!=1）的值是________。

A. 0　　B. 1　C. 2　D. 不能确定

三、编程题

1. 输入圆的半径 r 和一个整型数 k，当 k=1 时，计算圆的面积；但 k=2 时，计算圆的周长，当 k=3 时，既要求求圆的周长也要求出圆的面积。编程实现以上功能。

2. 输入一个年份，编写程序，判断这一年是否为闰年。

3. 有一函数，其函数关系如下，试编程求分段函数的值。

$$y=\begin{cases} x^2 & (x<0) \\ -0.5x+10 & (0\leqslant x<10) \\ x/5 & (x\geqslant 10) \end{cases}$$

4. 试编程完成如下功能：输入一个不多于 4 位的整数，求出它是几位数，并逆序输出各位数字。

5. 输入某学生的百分制成绩，要求输出其对应的五级制成绩等级。规定 90 分以上为 A，80～89 分为 B，70～79 分为 C，60～69 分为 D，60 分以下为 E。

第四章 循环结构程序设计

内容概述

在日常生活与工作中，经常会遇到重复处理的问题，例如，输入全校学生成绩、求若干个数之和等。循环结构可以实现重复性、规律性的操作，是程序设计中一种非常重要的结构，它和顺序结构、选择结构共同作为各种复杂程序的基本构造单元。循环结构的特点是，在给定条件成立时，反复执行某程序段，直到条件不成立为止。给定的条件称为循环条件，反复执行的程序段称为循环体。C 语言主要提供了 while、do - while 和 for 三种循环语句。本章将结合四个案例详细介绍三种循环语句及转移语句的用法。

知识目标

理解循环结构程序设计的基本思想；
理解 while、do - while 和 for 语句的定义格式和执行过程；
掌握用 while、do - while 和 for 语句实现循环结构的方法；
理解嵌套循环的定义原则和执行过程；
掌握用 while、do - while 和 for 语句实现多重循环的方法；
掌握 break 和 continue 转移语句的使用方法和区别。

能力目标

能读懂循环结构程序流程图；
能依据循环流程框图写出程序代码；
能够分析循环程序的走向进而排查程序中的逻辑错误；
能够为程序设计测试数据。

案例一 简易计算器

案例分析与实现

案例描述：

编写程序实现一个简易计算器，可以实现基本的加、减、乘、除四则运算，要求输入数据和运算符，输出数据的运算及其结果，并可以继续进行下一次运算。

案例分析：

简易计算器根据输入的加、减、乘、除的符号，选择对应的运算式，可以用 switch 来完成，也可以用 if 语句的嵌套来完成。在第三章中设计的简易计算器能完成一次加、减、乘、除四则运算，而此任务中要求设计的简易计算器增加了重复运算功能，要实现此功能需要使用能够实现循环结构的语句。

案例实现代码：

```
#include<stdio.h>
#include<conio.h>
void main()
{
    float num1,num2,answer;
    char oper,c;
    while(c!='N'&& c!='n')
    {
        printf("请输入算式：");
        scanf("%f",&num1);
        scanf("%c",&oper );
        scanf("%f",&num2);
        switch(oper)
        {
        case '+': answer=num1+num2; break;
        case '-': answer=num1-num2; break;
        case '*': answer=num1*num2; break;
        case '/': if(num2==0)
                        printf("\n 除数不能为 0! \n");
                  else
                        answer= num1/num2; break;
        default: printf("\n 输入错误! \n"); break;
        }
        if(num2!=0)printf("=%g\n",answer);
        printf("按任意键继续计算,按 N 退出! \n");
        c=getch();
    }
    printf("\n 使用完毕,再见! \n");
}
```

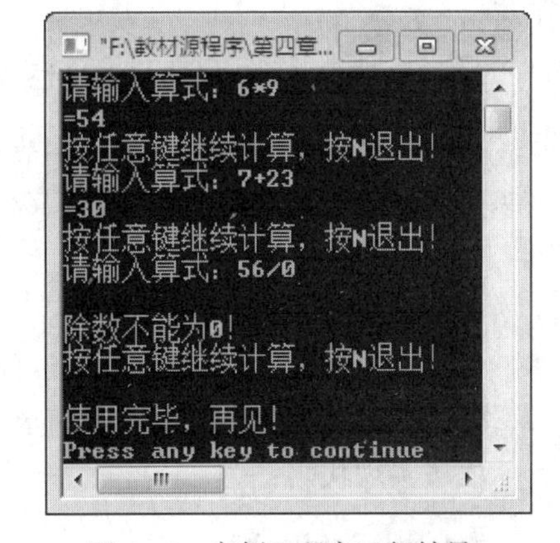

图 4-1　案例一程序运行结果

程序运行结果如图 4-1 所示。

该程序完成了一个简易计算器的反复执行，其中运用了前面介绍过多分支判断结构 switch 语句，来对加、减、乘、除的运算符进行选择运算。

在这个选择结构之外，案例中运用了一个 while 语句，它在这个程序中起到了什么作用呢？C 语言对这种结构的执行又是怎样的呢？在 C 语言中还有没有其他类似的结构语句？如何运用这些语句解决实际循环问题？

带着上述问题，我们来认识一下 C 语言中能够实现循环结构的语句。

相关知识：while 语句

循环的基本思想是重复，即利用计算机的高速运算特性和逻辑判断的能力，重复执行某些语句，以完成大量的信息处理的要求，当然这种重复不仅是简单机械的重复，每次重复都可以有新的内容。利用计算机重复处理某些实际问题就构成了循环结构。

在循环结构中将某些语句重复执行，如简易计算器案例中的四则运算部分，这些语句称为循环体；每重复一次都要判断是继续重复还是停止重复，如简易计算器案例中判断用户输入是否为“N”或“n”，这个判断所依据的条件称为循环条件；循环体与循环条件一起构成了循环结构。能够实现循环结构的语句有 while、do - while 和 for 三种，简易计算器案例中应用的是 while 语句。

一、 while 语句的语法格式

while 语句用来实现当型循环结构。其一般形式如下：

```
while（表达式）
循环体语句;
```

说明：

while 语句是 C 的关键字，其后面的一对括号中的“表达式”，可以是 C 语言的任意合法表达式，由它来控制循环体语句是否执行，括号不能省略。“循环体语句”可以是一条语句，也可以是多条语句。一般来说，循环体是一条语句时不用加“{}”；如果是多条语句，就一定要加“{}”构成复合语句。其中的语句可以是空语句、表达式语句或作为循环体一部分的复合语句，如果循环体是一个空语句，表示不执行任何操作（一般用于延时）。

二、 while 语句的执行过程

（1）先计算 while 后圆括号中表达式的值。当表达式的值为真（非 0）时，执行（2）；当表达式的值为假（0）时，执行（4）。

（2）执行循环体一次。

（3）转执行（1）。

（4）执行 while 语句的后续语句。

【例 4 - 1】 用 while 循环语句求 1＋2＋…＋100 的和，并将结果打印出来。

程序实现代码：

```
#include "stdio. h"
void main()
{
   int sum=0,i=1;
```

```
  while(i<=100)
  {
   sum+=i;
   i++;
  }
  printf("1到100的自然数之和为%d\n",sum);
}
```

程序运行结果：

1到100的自然数之和为5050

说明：

◆ while语句先判断表达式的真假，再决定是否执行循环体。

◆ while（表达式）后面不要加“;”。

◆ 为了避免陷入“死循环”，while语句的循环体中应包含使循环趋于结束的语句。例如以上程序中求出1+2+…+100的和，如果循环体内没有“i++;”语句，则i的值不变，循环条件永远为真，造成死循环。

◆ 如果循环体包含一个以上的语句，必须使用{}括起来，组成复合语句。如果不含花括号，则while语句循环体只包含while语句后的第一条语句。

【例4-2】 从键盘任意输入一组数，当输入的数为0时，结束输入，求该组数中最大的数。

程序实现代码：

```
#include<stdio.h>
void main()
{
  int m, max;
  scanf("%d", &m);
  max=m;
  while (m!=0)
  {
   scanf("%d",&m);
   if(max<m)   max=m;
  }
  printf("最大数是%d\n",max);
}
```

图4-2 [例4-2]程序运行结果

程序运行结果如图4-2所示。

【例4-3】 编程计算自然数1连加到n值，即求1+2+3+…+n的值，其中n由用户指定。

程序实现代码：

```
#include "stdio.h"
void main()
{
   int sum=0,i=1,n;
   printf("请输入 n:");
   scanf("%d",&n);
   while(i<=n)
   {
     sum+=i;
     i++;
   }
   printf("1到%d累计和为:%d\n",n,sum);
}
```

```
"F:\教材源程序\第...
请输入n:20
1到20累计和为  210
Press any key to continue
```

图 4-3 [例 4-3]程序运行结果

程序运行结果如图 4-3 所示。

【例 4-4】 输入一行字符，分别统计出其中英文字母、空格、数字的个数。

程序实现代码：

```
#include<stdio.h>
void main()
{
   char c;
   int letters=0,space=0,digit=0,other=0;
   printf("请输入一行字符:");
   while ((c=getchar())!='\n')//按 Enter 键结束输入,并且回车符不计入
   {
      if ((c >='a' && c<='z')|| (c>='A' && c<='Z'))
      {  letters++; }
      else if (c=='  ')
      {  space++; }
      else if (c >='0' && c<='9')
      {  digit++; }
      else
      {  other++; }
   }
    printf("字母=%d,\t 空格=%d,\t 数字=%d,\t 其他=%d\n", letters, space, digit,
other);
}
```

程序运行结果如图 4-4 所示。

图 4-4　[例题 4-4] 程序运行结果

拓展练习：数位拆解

编写一个程序，输入一个正整数，输出它的倒序数，并求其位数。例如输入 2735，输出 5372，4 位整数。

算法步骤：

(1) 输入正整数 m。

(2) 当 m! =0 时，求 m%10，分离出个位数字。

(3) m=m/10；取得 m 个位数前的数作为 m 的新值。

(4) 重复步骤 (2)、(3)，直到 m==0 结束。

参考代码：

```
#include<stdio.h>
void main()
{
   int m,count=0;
   printf("请输入一个正整数:");
   scanf("%d",&m);
   while(m!=0)
   {
   printf("%d",m%10);
   m=m/10;
   count++;
   }
   printf("\n 该数是一个%d 位数\n",count);
}
```

程序运行结果如图 4-5 所示。

图 4-5　“数位拆解”程序运行结果

案例二　打印输出“水仙花数”

案例分析与实现

案例描述：

编写程序输出所有的“水仙花数”。所谓“水仙花数”是指一个三位自然数，其各位数字的立方和等于该数本身。例如 $371=3^3+7^3+1^3$，所以 371 是水仙花数。

案例分析：

因为要求水仙花数是一个三位自然数，所以使用循环遍历 100～999 的每一个数，在循环体中判断该数是否满足水仙花数的条件。为了判断一个数是否是水仙花数需要分离出该数的各位数字，这是程序的实现关键。

案例实现代码：

```
#include<stdio.h>
void main()
{
   int x,y,z,n=100;
   printf("水仙花数有:\n");
   do
   {
      x=n/100; /* 分解出百位* /
      y=n%100/10; /* 分解出十位* /
      z=n%10; /* 分解出个位* /
      if(x*x*x+y*y*y+z*z*z==n)
      printf("%d\n",n);
      n++;
   }while(n<1000);
}
```

图 4-6　案例二程序运行结果

程序运行结果如图 4-6 所示。

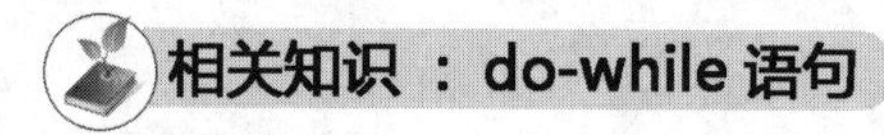

相关知识：do-while 语句

一、do-while 语句的语法格式

do-while 循环语句属于直到型循环。其一般形式如下：

do
循环体语句；
while（表达式）；

说明：

（1）do 是 C 语言的关键字，必须和 while 联合使用。

（2）do-while 循环由 do 开始，至 while 结束；必须注意，while（表达式）后的“;”不可丢，它表示 do-while 语句的结束。

（3）while 后一对圆括号中的表达式可以是 C 语言中任意合法的表达式，由它控制循环是否执行。

（4）按语法，在 do 和 while 之间的循环体只能是一条可执行语句；若循环体内需要多个语句，应该用大括号括起来，组成复合语句。

二、 do - while 语句的执行过程

（1）执行 do 后面循环体中的语句。

（2）计算 while 后一对圆括号中表达式的值。当值为非零时，转去执行步骤（1）；当值为零时，执行步骤（3）。

（3）退出 do - while 循环。执行 do - while 语句的后续语句。

说明：

由 do - while 构成的循环与 while 循环十分相似，它们之间的重要区别是 while 循环控制出现在循环体之前，只有当 while 后面表达式的值为非零时，才可能执行循环体；在 do - while 构成的循环中，总是先执行一次循环体，然后再求表达式的值，因此，无论表达式的值是否为零，循环体至少执行一次。

和 while 循环一样，在 do - while 循环体中，一定要有能使 while 后表达式的值变为 0 的操作，否则，循环将会无限制地进行下去。

【例 4 - 5】 用 do - while 语句实现求 1＋2＋…＋100 的和。

程序实现代码：

```
#include "stdio.h"
void main()
{
   int sum=0,i=1;
   do
   {
      sum+=i;
      i++;
   } while(i<=100);
   printf("1 到 100 的自然数之和为%d\n",sum);
}
```

运行程序，输出结果：

1 到 100 的自然数之和为 5050

在本例中，循环条件和循环体以及得到的结果都是和 while 循环一样，只是用 do - while 语句来实现。

【例 4 - 6】 一个学习小组有若干名学生，要求用户从键盘输入每个学生数学课的成绩后输出该小组学生的数学课平均成绩，其中小组人数由用户指定。

程序实现代码：

```
#include "stdio.h"
void main()
{
   int score,n,count=1,sum=0;
   float aver;
```

```
    printf("请输入小组人数:");
    scanf("%d",&n);
    do
    {
      printf("请输入第%d个同学的分数:",count);
      scanf("%d",&score);
      sum=sum+score;
      count++;
    }while(count<=n);
    aver=(float)sum/n;
    printf("该学习小组的平均成绩为:%.2f\n",aver);
}
```

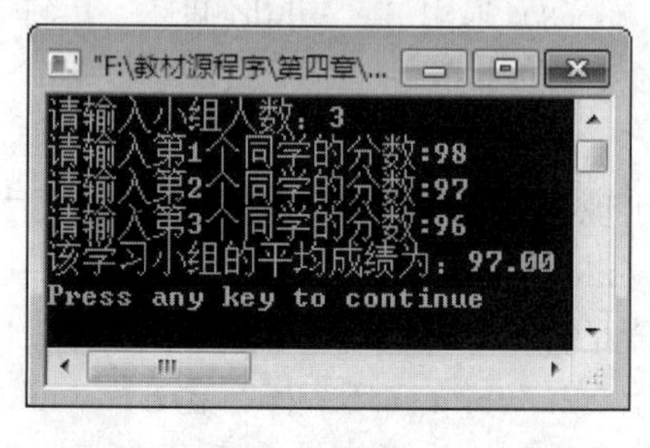

图 4-7　[例 4-6]程序运行结果

运行程序，输出结果如图 4-7 所示。

【例 4-7】 输出所有能被 3 整除，除以 5 余数为 3，除以 7 余数为 1 的两位数。

程序实现代码：

```
#include<stdio.h>
void main()
{
    int m=10;
    do
    {
      if(m%3==0&&m%5==3&&m%7==1)
      printf("%d\n",m);
      m++;
    }while(m<100);
}
```

程序运行结果：

78

拓展练习：自然数阶乘计算

编程计算自然数 n 的阶乘值，即求 1*2*3*…*n 的值，其中 n 由用户指定。

分析：

计算自然数 n 的阶乘，实际上就是计算由 1 连乘到 n 的值。可以设置一个变量用来存放连乘的值，其初值为 1，该变量称为累乘变量，然后使用循环语句将 1～n 的每一个数累乘到该变量上，最后输出累乘变量的值。

参考代码：

```
#include "stdio.h"
```

```
void main()
{
  long n,i=1,factor=1;
  printf("\n 请输入自然数 n:");
  scanf("%ld",&n);
  do
  {
    factor=factor*i;
    i++;
  }while(i<=n);
  printf("\n 自然数%ld 的阶乘值为:%ld\n",n,factor);
}
```

程序运行结果如图 4-8 所示。

图 4-8　“自然数阶乘计算”程序运行结果

案例三　小猴子吃桃

案例分析与实现

案例描述：

小猴子喜欢吃桃子，第一天小猴子摘了若干个桃子，立刻吃了一半，还不过瘾，又多吃了一个，第二天早上又将剩下的桃子吃掉一半，又多吃了一个。以后每天早上都吃了前一天剩下的一半加一个。到第 10 天早上想再吃时，见只剩下一个桃子了。编程求第一天共摘了多少。

案例分析：

可以采取逆向思维的方法，从后往前推。假设小猴子第一天摘了 x 个桃子，第二天剩余桃子 y 个，由题意可得 y=x/2-1，变化公式可得 x=（y+1）*2，已知第 10 天剩余桃子数量为 1，则第 9 天应该有（1+1）*2=4 个桃子，第八天应该有（4+1）*2=10 个桃子，依次类推，即可求得第一天桃子的数量。

案例实现代码：

```
#include "stdio.h"
void main()
{
  int day, x, y=1;
  for(day=9;day>=1;day--)
  {
    x=(y+1)*2; /* 第一天的桃子数是第2天桃子数加1后的2倍* /
    y=x;
  }
  printf("第一天小猴子摘了%d个桃子。\n",x);
}
```

程序运行结果如图4-9所示。

图4-9　案例三程序运行结果

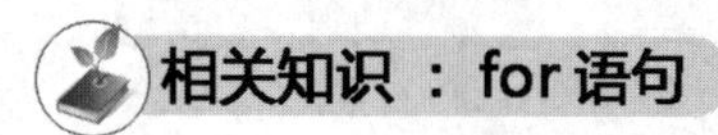

相关知识：for语句

一、for语句的语法格式

for语句是C语言提供的一种在功能上比前面两种循环语句更方便灵活、功能强大的一种循环语句。其一般形式如下：

for（表达式1；表达式2；表达式3）
循环体语句；

说明：

（1）for是C语言的关键字，三个表达式可以是任意形式的C表达式，通常主要用于for循环的控制。一般“表达式1”用于计算循环变量初始值，“表达式2”为循环体是否执行的条件，“表达式3”为循环变量的调整。“循环体语句”的使用同while、do-while的循环体语句。for循环相当于如下while循环：

表达式1；
while（表达式2）
{　循环体；
　表达式3；　}

（2）for语句内必须有两个分号，程序编译时，将根据两个分号的位置来确定三个表达式。for语句中的表达式可以部分或者全部省略，但两个分号不可省略。

例如在计算机屏幕上输出10个“#”。

方法一：

```
#include "stdio.h"
void main()
{
  int i;
  for(i=1;i<=10;i++)
```

```
    printf("#");
  }
```

方法二：

```
#include "stdio.h"
void main()
{
  int i;
  for(i=1;i<=10;)
  {
    printf("#");
    i++;
  }
}
```

方法三：

```
#include "stdio.h"
void main()
{
  int i=1;
  for(;i<=10;)
  {
    printf("#");
    i++;
  }
}
```

（3）三个表达式都可以是逗号表达式。例如：

```
int i,sum;
for(i=1,sum=0;i<=10;i++)
sum=sum+i; //sum的值是 1+2+3+…+10=55
```

（4）循环体可以是空语句。
例如：

```
int i=1,sum;
for(i=1,sum=0;i<=10;sum=sum+i,i++);// sum的值是 1+2+3+…+10=55
```

（5）通常用表达式 1 进行循环变量赋初值，用表达式 2 控制循环条件，用表达式 3 控制循环变量递增或递减。所以 for 循环语句的一般形式还可以表示如下：

for（循环变量赋初值；循环条件；循环变量增/减值）
　　循环体语句；

二、 for语句的执行过程

（1）首先计算表达式1。

（2）求表达式2的值时，若其值为真（非0），则转去执行（3）；若表达式2的值为假（0），则转去执行（5），结束for语句。

（3）执行一次循环体语句。

（4）求解表达式3，执行（2）。

（5）退出for循环。执行for语句的后续语句。

【例4-8】 用for语句实现求1+2+…+100的和。

程序实现代码：

```
#include "stdio.h"
void main()
{
   int sum=0,i,n;
   for(i=1;i<=100;i++)
        sum+=i;
   printf("1到100的自然数之和为%d\n",sum);
}
```

程序运行结果：

1到100的自然数之和为5050

【例4-9】 某班级一个小组10名学生进行英语考试，统计该小组学生的总分和平均分。

程序实现代码：

```
#include "stdio.h"
void main()
{
   int i,sum=0,score;
   double ave=0;
   printf("请输入10名学生的英语成绩,使用空格进行分隔,按Enter键结束!\n");
    for(i=1;i<=10;i++)
    {
     scanf("%d",&score);
     sum=sum+score;
    }
    ave=sum/10.0;
    printf("10名学生的总成绩为%d\n10名学生的平均成绩为%.2f\n",sum,ave);
}
```

程序运行结果如图4-10所示。

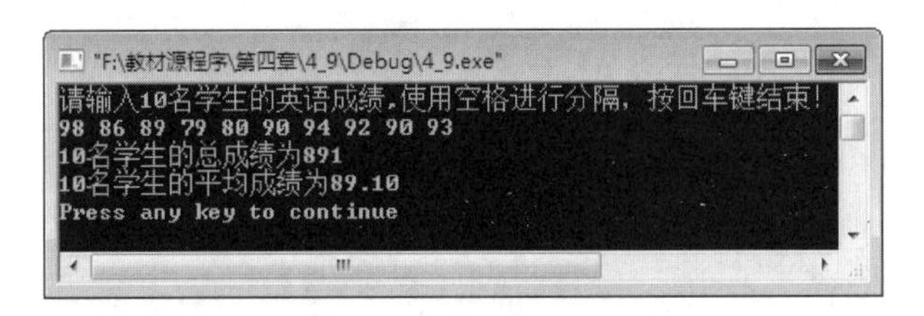

图 4-10　[例 4-9] 程序运行结果

【例 4-10】 打印输出摄氏温度与华氏温度的对照表。

写一个程序，要求它从 0～250℃，每隔 20℃为一项，输出一个摄氏温度与华氏温度的对照表，同时要求对照表中的条目不超过 10 条。

程序实现代码：

```
#include<stdio.h>
void main ()
{
    int c=0,count=0;
    double f;
    while(c<=250 && count<10)
    {
   count++;
   printf("%d: ",count);
   f=c*9/5.0+32.0;
   printf("C=%d, F=%7.2f\n", c, f);
   c=c+20;
   }
  }
```

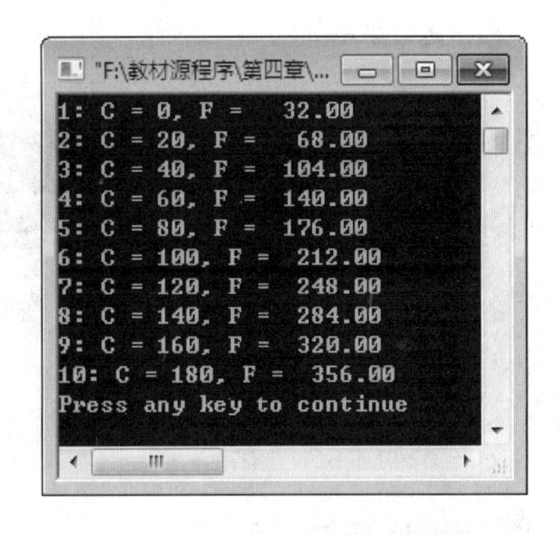

图 4-11　[例 4-10]程序运行结果

程序运行结果如图 4-11 所示。

 拓展练习：斐波那契数列

斐波那契数列的前几项是 1、1、2、3、5、8、13、21、34、…。编程输出该数列的前 15 项。

由题目中给出的数列可以看到，此数列的变化规律是：第一项和第二项为 1，从第三项开始，每一项的值是前两项的和，可以用递推法来求出斐波那契数列中每项的值。

用变量 f1、f2 和 f3 来表示递推过程，给变量 f1 和 f2 赋值为 1，为数列中第一项和第二项，进行输出；然后进入循环，执行语句 f3=f1+f2；将所得和值存入 f3 中，这就是数列中的第三项，输出后，把 f2 的值移入 f1 中，将 f3 的值移入 f2 中，为求数列的下一项做好准备；接着进入下一次循环，通过语句 f3=f1+f2 求得数列的第四项。不断重复以上步骤，每重复一次就依次求得数列的下一项。因为要求输出数列的前 13 项，在进入 for 循环前已输出了第一项和第二项的值，因此 for 循环只需循环 13 次。

参考代码：

```
#include<stdio.h>
void main()
{
   int i,f1=1,f2=1,f3;
   printf("\n%d    %d    ",f1,f2);
   for(i=1;i<=13;i++)
   {
      f3=f1+f2;
      printf("%d    ",f3);
      f1=f2;
      f2=f3;
   }
}
```

程序运行结果如图 4-12 所示。

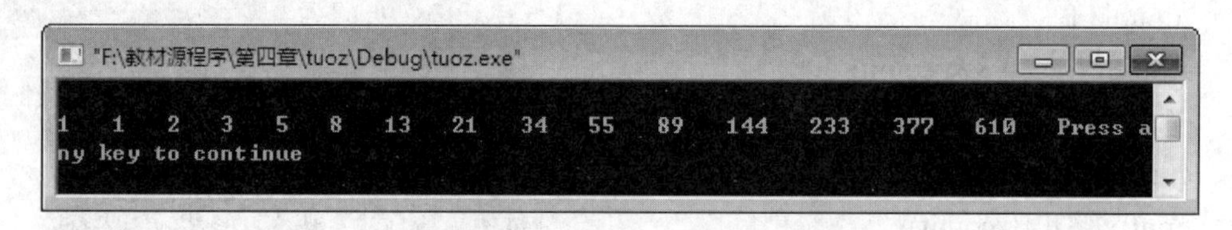

图 4-12 “斐波那契”程序运行结果

案例四 百钱买百鸡

案例分析与实现

案例描述：

公元前，我国古代数学家张丘建在《算经》一书中提出了“百鸡问题”：鸡翁一，值钱五，鸡母一，值钱三，鸡雏三，值钱一。百钱买百鸡，问鸡翁、鸡母、鸡雏各几何？

案例分析：

这是一个不定方程问题，可采用的编程算法是穷举法，也就是对问题的所有可能状态一一测试，直到找到解或全部可能状态都测试过为止。

设变量 cocks 为鸡翁数，变量 hens 为鸡母数，变量 chicks 为鸡雏数，则有

$$cocks+hens+chicks=100$$
$$5*cocks+3*hens+chicks/3=100$$

根据上述不定方程，可得 100 钱买公鸡的数量可能为 1～20 只，100 钱买母鸡的数量可能为 1～33 只，小鸡的数量为 z=100－cocks－hens 只，由此得到三个变量的取值条件：cocks 为 1～20 的整数；hens 为 1～33 的整数；chicks 为 1～100 的整数。

依次取 cocks 值域中的一个值，然后再试取 hens 值域中的每一个值，根据前两者取值，求出 chicks 后，看是否合乎题意，合乎题意为解。

案例实现代码：

```
#include "stdio.h"
void main()
{
   int cocks,hens,chicks;
   for(cocks=1;cocks<=20;cocks++)
   for(hens=1;hens<=33;hens++)
   {
      chicks=100-cocks-hens;
      if(5*cocks+3*hens+chicks/3.0==100)
      printf("cocks=%d,hens=%d,chicks=%d\n",cocks,hens,chicks);
   }
}
```

程序运行结果如图 4-13 所示。

图 4-13　案例四程序运行结果

相关知识 ：循环嵌套

一个循环内又包含另一个循环，称为循环的嵌套。内循环中还可以嵌套循环。按照循环的嵌套次数，分别称为二重循环、三重循环等。一般将处于内部的循环称为内循环，处于外部的循环称为外循环。for 语句、while 语句和 do-while 语句可以相互嵌套。

说明：

（1）一个循环体必须完整的嵌套在另一个循环体内，不能出现交叉现象。

（2）多层循环的执行顺序是：最内层先执行，由内向外逐步展开。

（3）三种循环语句构成的循环可以相互嵌套。

（4）并列循环允许使用相同的循环变量，但嵌套循环不允许。

（5）嵌套的循环要采用缩进格式书写，使程序层次分明，便于阅读和调试。

下面通过几个例子来介绍循环嵌套的概念和运用。

【例 4-11】 编程用星号分别构成如图 4-14 所示的矩形与正三角形。

图中 1 为矩形，由 4 行星号组成，每行有 7 个星号，可使用双重循环嵌套结构解决问题。外循环控制行数，内循环控制每行星号的个数。注意，每一行星号打印完后要输出一个回车符。输出矩形的程序如下：

```
#include<stdio.h>
void main()
{
  int i, k;
  for(i=1; i<=4; i++)//外循环是4次,控制行数
  {
    for(k=1; k<=7; k++)//内循环是7次,控制每行星号的个数
    printf("*");
    printf("\n");//每行末尾的换行符
  }
}
```

```
*******      *
*******     ***
*******    *****
*******   *******
   1         2
```

图4-14 用星号构成的矩形与正三角形

图中2为正三角形，打印这个三角形需要用两重循环来实现。其中，外层循环决定要打印的行数，内层循环决定每一行要打印的空格数和星数，要注意的是每一行星打印完后要输出一个回车符。正三角形每行中除了有星号，还有空格。表4-1列出了每行行号与空格个数、星号个数的关系。由表4-1可知，每行要打印的空格数等于“4－行号”，每行要打印的星数等于“2＊行号－1”。

表4-1 **［例4-11］表**

	行号	空格个数	星号个数
第一行	1	3	1
第二行	2	2	3
第三行	3	1	5
第四行	4	0	7

输出正三角形的程序如下：

```
#include<stdio.h>
void main()
{
  int i, j, k;
  for(i=1; i<=4; i++)          //外循环是4次,控制行数
  {
    for(j=1; j<=4-i; j++)      //第一个内循环是4-i次,控制每行空格的个数
    printf(" ");
    for(k=1; k<=2*i-1; k++)    //第二个内循环是2*i-1次,控制每行星号的个数
    printf("*");
    printf("\n");
  }
}
```

【例 4-12】 编写程序，在屏幕输出如下所示的九九乘法表。

```
1＊1＝1
1＊2＝2   2＊2＝4
1＊3＝3   2＊3＝6   3＊3＝9
1＊4＝4   2＊4＝8   3＊4＝12   4＊4＝16
1＊5＝5   2＊5＝10  3＊5＝15   4＊5＝20   5＊5＝25
1＊6＝6   2＊6＝12  3＊6＝18   4＊6＝24   5＊6＝30   6＊6＝36
  ⋮        ⋮        ⋮          ⋮          ⋮          ⋮
```

思路：可以使用双层 for 循环实现行与列的控制，外循环控制行，内循环控制列。定义两个变量 i 与 j 分别控制输出行的数量与输出列的数量。九九乘法表由 9 行构成，所以外循环为 9 次，其中，每行包括的等式数量与所在的行号相等，也就是每行的列数与行号相等。即第 1 行包括一个式子“1＊1＝1”，也就是有 1 列；第 2 行包括两个式子，分别是“1＊2＝2”和“2＊2＝4”，也就是有 2 列；第 3 行包括三个式子，分别是“1＊3＝3”“2＊3＝6”和“3＊3＝9”，也就是有 3 列；第 4 行包括四个式，分别是“1＊4＝4”“2＊4＝8”“3＊4＝12”和“4＊4＝16”，也就是有 4 列；依次类推，第 9 行包括九个式子，分别是“1＊9＝9”“2＊9＝18”…“9＊9＝81”，也就是有 9 列。由此可得，每行 j 的取值为从 1 到 i。

程序实现代码：

```
#include "stdio. h"
void main()
{
  int i,j,result;
  printf("\ n");
  for (i=1;i<10;i++)
  {
  for(j=1;j<=i;j++)// 控制每一行输出的式子数
    {
    result= j* i;
    printf("% d* % d=%-3d",j,i,result);//输出每 i 行第 j 个式子
    }
   printf("\ n");//每一行输出完成换行
  }
}
```

【例 4-13】 将一张 100 元整钞换成 50 元、20 元和 10 元的零钞，一共有几种兑换方法。请编程输出所有可能的兑换方法。

思路：因为 50 元最多只能有 2 张，20 元最多有 5 张，10 元最多有 10 张，也可以一张也没有，所以三个循环的范围分别是 0～2、0～5、0～10 。

程序实现代码：

```
#include<stdio. h>
```

```
void main()
{
   int x5,x2,x1;    /* 三个变量分别代表50元、20元、10元的个数* /
   printf("% 10d 元% 8d 元% 8d 元\ n",50,20,10);
     for(x5=0;x5<=2;x5++)
        for(x2=0;x2<=5;x2++)
           for(x1=0;x1<=10;x1++)
              if(50* x5+20* x2+10* x1==100)
                 printf("% 10d% 10d% 10d\ n",x5,x2,x1);
}
```

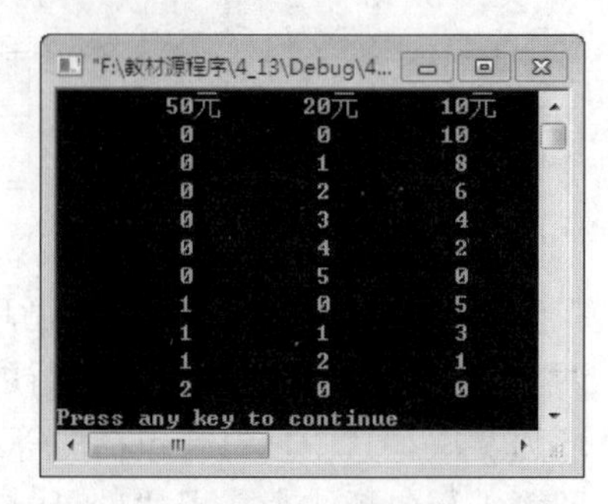

图 4-15 [例 4-13]程序运行结果

程序运行结果如图 4-15 所示。

【例 4-14】 用 40 元买苹果、梨和西瓜，各个品种都要，总数为 100 个。已知苹果 0.4 元一个，梨 0.2 元一个，西瓜 4.0 元一个，问各种水果可以买多少个。请编程输出所有可能的方案。

思路：用穷举法解决这个实际问题。依题意，西瓜最多可以买 10 个，苹果最多可以买 100 个，因总和最多为 100 个，故梨的个数等 100 减掉西瓜和苹果的个数。

程序实现代码：

```
#include<stdio.h>
void main()
{
   int i,j,k,n=1;
   for(i=1;i<=10;i++)
   {
     for(j=1;j<=100;j++)
     {k=100-i-j;
        if(40* i+4* j+2* k==400)
          {printf("方案%d:西瓜可以买%d个,苹果可以买%d个,梨可以买%d个\n",n,i,j,k);
           n++;
          }
     }
   }
}
```

程序运行结果如图 4-16 所示。

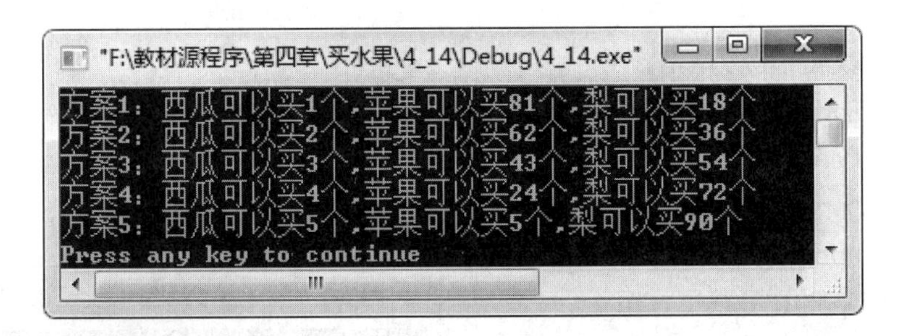

图 4-16　[例 4-14] 程序运行结果

拓展练习：判断获奖人员

A、B、C、D、E、F 共 6 人参加竞赛。已知：A 和 B 中至少一人获奖；A、C、D 中至少二人获奖；A 和 E 中至多一人获奖；B 和 F 或者同时获奖，或者都未获奖；C 和 E 的获奖情况也相同；如果 E 未获奖，则 F 也不可能获奖；并且 C、D、E、F 中至多 3 人获奖。问哪些人获了奖？

算法设计：

已知有 A、B、C、D、E、F 共 6 人参加竞赛，可以定义 a、b、c、d、e、f 六个变量分别代表 A、B、C、D、E、F 六选手，设获奖为 1，未获奖为 0，由题意可知：

A 和 B 中至少一人获奖，用条件表达式表示为 a || b 或者 a+b>=1。

A、C、D 中至少两人获奖，用条件表达式表示为 (a&&c) || (a&&d) || (c&&d) 或者 a+c+d>=2。

A 和 E 中至多一人获奖，用条件表达式表示为!(a&&e) 或者 a+e<=1。

B 和 F 或者同时获奖，或者都未获奖，即 B 与 F 的获奖情况相同，用条件表达式表示为 (b&&f) ||(!b&&!f) 或者 b==f。

C 和 E 的获奖情况也相同，用条件表达式表示为 (c&&e) ||(!c&&!e) 或者 c==e。

如果 E 未获奖，则 F 也不可能获奖，用条件表达式表示为!e&&!f。

并且 C、D、E、F 中至多 3 人获奖，用条件表达式表示为 c+d+e+f<=3。

参考代码：

```
#include<stdio.h>
void main()
{
  int a,b,c,d,e,f;
  for( a=0;a<=1;a++)
  for( b=0;b<=1;b++)
  for( c=0;c<=1;c++)
  for( d=0;d<=1;d++)
  for( e=0;e<=1;e++)
  for( f=0;f<=1;f++)
  if((a+b>=1)&&(a+c+d>=2)&&(a+e<=1)&&(b==f)&&(c==e)&&(!e&&!f)&&(c+d+e+f<=3))
```

```
    {
        printf("获奖情况为:\n");
        if(a==1)printf("A获奖\t");
        if(b==1)printf("B获奖\t");
        if(c==1)printf("C获奖\t");
        if(d==1)printf("D获奖\t");
        if(e==1)printf("E获奖\t");
        if(f==1)printf("F获奖\t");
        printf("\n");
    }
}
```

程序运行结果如图4-17所示。

图4-17　“判断获奖人员”程序运行结果

案例五　判断素数

案例分析与实现

案例描述：

从键盘输入一个整数，判断该数是否为素数。素数是指只能被1和它本身整除的数。

案例分析：

判断整数n是否为素数的基本方法是将n分别除以2、3、…、n－1，若都不能被这些数整除，则n为素数；否则，如果n能被其中某个数整除，则n不是素数。例如，7是素数，在2～6的判断范围内，7不能被其中任何一个数整除，于是7是素数；而12不是素数，在2～11的判断范围内，12能被2、3、4、6整除，但仅判断到2时便可知12不是素数，后续的数无需判断，这时可使用break语句在判断到2时终止循环。

案例实现代码：

实现代码一：

```
#include "stdio.h"
void main()
{
    int n, i;
    printf("请输入一个整数: ");
    scanf("%d", &n);
    for (i=2; i<n; i++)
    {
        if (n%i==0)      //判断n能否被i整除
        {
            break;      //结束循环
```

```
        }
    }
    if (i>=n)  //循环结束后,根据 i 与 n 的大小关系,判断 n 是否是素数
            printf("%d 是素数\n", n);
    else
            printf("%d 不是素数\n", n);
}
```

说明：由于程序中的 for 循环含有 break 语句，使得 for 循环存在两个结束出口。一个出口是循环正常结束，即循环条件“i<n”不成立时结束循环，说明 n 不能被 2～（n－1）的任何一个数整除，即 n 是素数，此时 i 值等于 n；另一个出口是用 break 语句提前结束循环，此时循环体中 if 语句给出的条件“n%i==0”成立，说明 i 是 n 的因子，即 n 不可能是素数，无须再做后续的循环。因此，在 for 循环结束后，可根据 i 与 n 的关系来确定是哪种情况，以判断 n 是否为素数。

实现代码二：

```
#include "stdio.h"
void main()
{
    int n, i, flag = 1;//flag 为标记变量,约定 flag 值为 1 时,表示 n 是素数
    printf("请输入一个整数: ");
    scanf("%d", &n);
    for (i=2; i<n; i++)
    {
        if (n % i==0)
        {
            flag=0;    //修改 flag 值为 0,表示 n 不是素数
            break;
        }
    }
    if (flag==1)      //根据 flag 的值是 1 还是 0,判断 n 是否是素数
      printf("%d 是素数\n", n);
    else
      printf("%d 不是素数\n", n);
}
```

程序运行结果如图 4-18 所示。

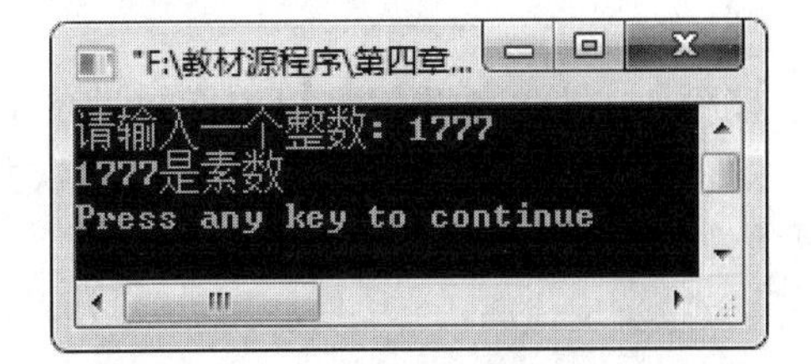

图 4-18　案例五程序运行结果

转移语句能够控制程序执行的流程，即能够改变程序中语句的执行次序，C 语言中的转移语句包括 break 语句、continue 语句、goto 语句、return 语句四种。转移语句可以与选择

语句或循环语句配合使用，在特定情况下改变程序执行的流程。

一、 break 语句

在前面学习 switch 语句时，已经接触到 break 语句，在 case 子句执行完后，能通过 break 语句使流程跳出 switch 结构。break 语句也可以用在循环结构中，for 语句、while 语句、do-while 语句中均可使用 break 语句，其作用是立即结束循环，流程转到执行循环语句后的语句。break 语句一般是放在循环体中的某个 if 语句内，表示当某个条件满足时便结束循环。

break 语句的一般形式如下：

break;

说明：

（1）只能在循环体内和 switch 语句体使用 break 语句。

（2）当 break 出现在循环体中的 switch 语句体内时，其作用只是跳出该 switch 语句体。当 break 出现在循环体中，但并不在 switch 语句体内时，则在执行 break 后，跳出本层循环体。

在 while、do-while 和 for 构成的循环结构中，当执行循环体遇到 break 语句时，程序流程如图 4-19 所示。

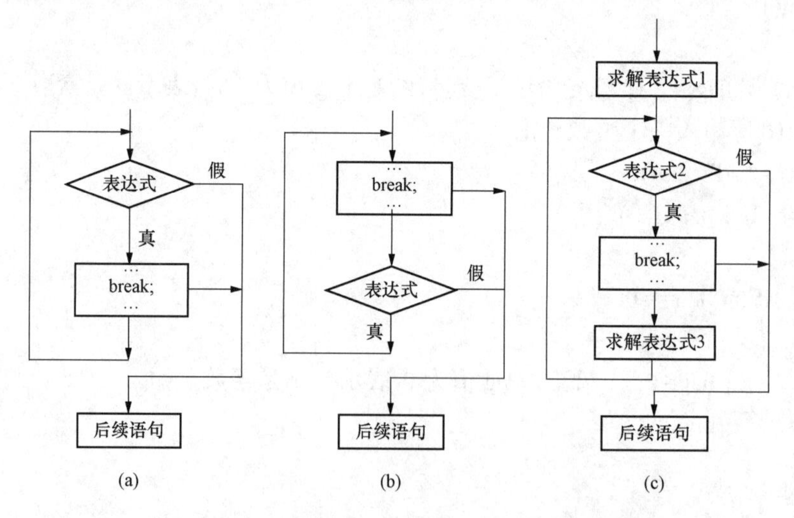

图 4-19 循环体包含 break 语句的程序流程图

（a）while 循环；（b）do-while 循环；（c）for 循环

【例 4-15】 输出 500 以内能同时被 3 和 7 整除的前 10 个正整数。

分析：本题使用循环结构编程，依次判断 1～500 的数哪些满足要求，当统计到 10 个满足条件的数时，即停止循环。

程序实现代码：

```
#include<stdio.h>
void main()
{
  int i, n=0;
```

```
    printf("500以内能被3和7整除的前10个数:\n");
    for(i=1; i<=500; i++)
     {
        if(i%3==0 && i%7==0)
        {
            printf("%-8d", i);   //输出满足条件的数
            n++;     //个数加1
            if(n==10)     //判断数是否达到10个
            break;     //提前结束循环
        }
     }
}
```

程序运行结果如图 4-20 所示。

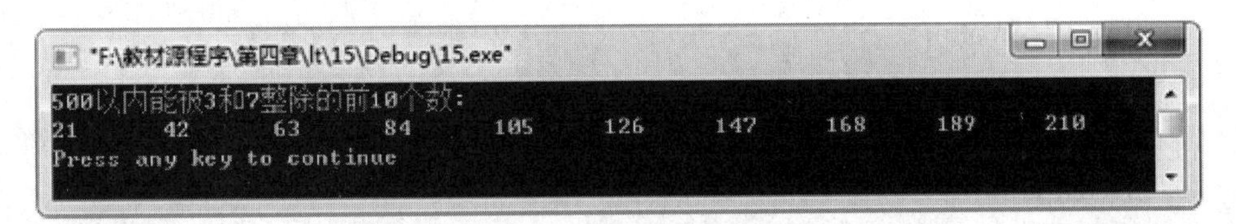

图 4-20　[例 4-15] 程序运行结果

【例 4-16】 将一个正整数分解质因数。例如输入 90，打印出 90=2＊3＊3＊5。

程序实现代码：

```
#include "stdio.h"
#include "conio.h"
void main()
{
    int n,i;
    printf("\n请输入一个正整数:");
    scanf("%d",&n);
    printf("%d=",n);
    for(i=2;i<=n;i++)
    while(n!=i)
    {
        if(n%i==0)
        {   printf("%d*",i);
            n=n/i;
        }
        else    break;
    }
```

```
    printf("% d",n);
    printf("\ n");
}
```

运行程序，输出结果如图 4-21 所示。

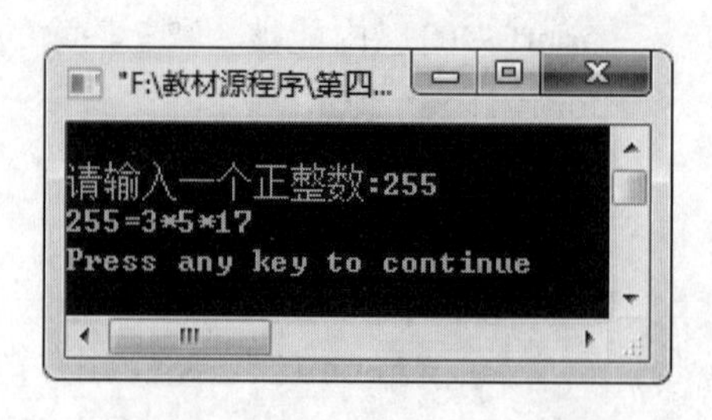

图 4-21 [例 4-16]程序运行结果

【例 4-17】 现有三名候选者，1 代表选李，2 代表选张，3 代表选王，−1 是结束标志。现选票如下：3 1 2 1 1 3 3 2 3 2 0 3 0 1 4 −1。请编写程序统计三名候选人的票数。

```
#include<stdio.h>
void main()
{
    int vote,l=0, z=0,w=0, m=0;
    printf("请输入选票:");
    scanf("% d",&vote);
    while(vote! =-1)
    {
        switch(vote)
        {
        case1:l++; break;
        case2:z++; break;
        case3:w++; break;
        default:m++;
        }
        scanf("% d",&vote);
    }
    printf("李:% 2d,张:% 2d,王:% 2d,无效票:% 2d\ n", l, z, w,m);
}
```

程序运行结果如图 4-22 所示。

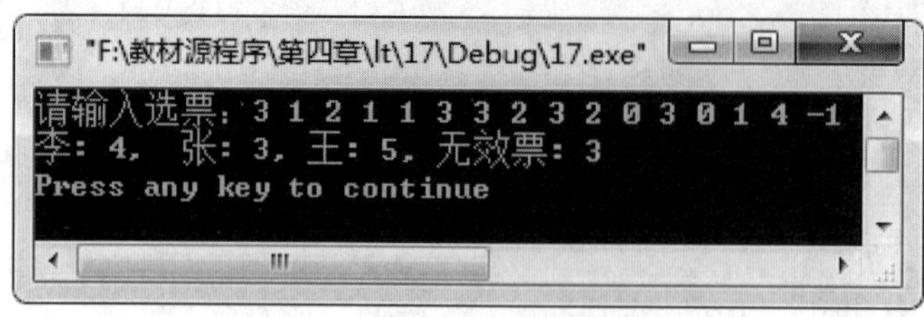

图 4-22 [例 4-17] 程序运行结果

二、 continue 语句

continue 语句与 break 语句不同，当在循环体中遇到 continue 语句时，程序将不执行

continue 语句后面尚未执行的语句，开始下一次循环，即只结束本次循环的执行，并不终止整个循环的执行。

continue 语句的一般形式如下：

continue；

说明：

在 while 和 do - while 循环中，continue 语句使得流程直接跳到循环控制条件的测试部分，然后决定循环是否继续进行。在 for 循环中，遇到 continue 后，跳过循环体中余下的语句，而去对 for 语句中的"表达式 3"求值，然后进行"表达式 2"的条件测试，最后根据"表达式 2"的值来决定 for 循环是否执行。在循环体内，不论 continue 是作为何种语句中的语句成分，都将按上述功能执行，这点与 break 有所不同。

在 while、do - while 和 for 构成的循环结构中，当执行循环体遇到 continue 语句时，程序流程如图 4 - 23 所示。

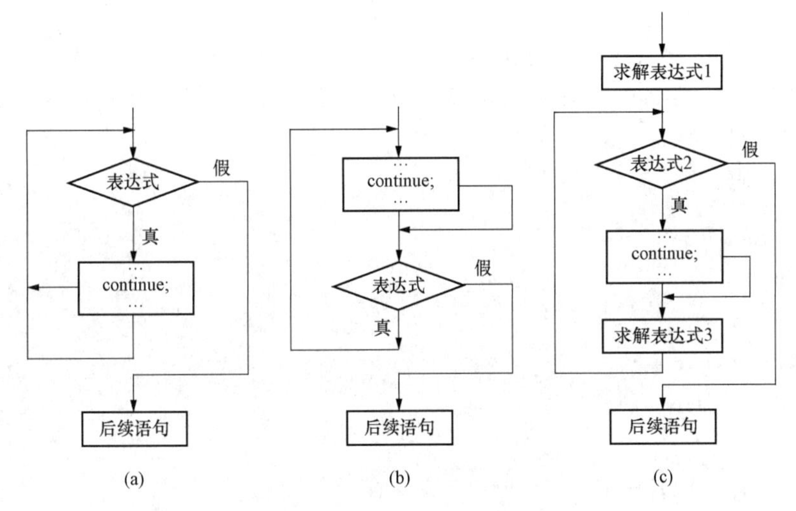

图 4 - 23　循环体包含 continue 语句的程序流程图

（a）while 循环；（b）do - while 循环；（c）for 循环

【例 4 - 18】　输出 20 以内不能同时被 2 和 3 整除的正整数。

程序实现代码：

```
#include<stdio. h>
void main()
{
  int i, n=0;
  printf("20 以内不能同时被 2 和 3 整除的数是: \n");
  for (i=1; i< =20; i++)
   {
    if (i%2==0 && i%3==0)
    continue;
    printf("% d\t",i);
```

```
        n++;
    }
    printf("\n满足条件的数有%d个\n", n);
}
```

程序运行结果如图4-24所示。

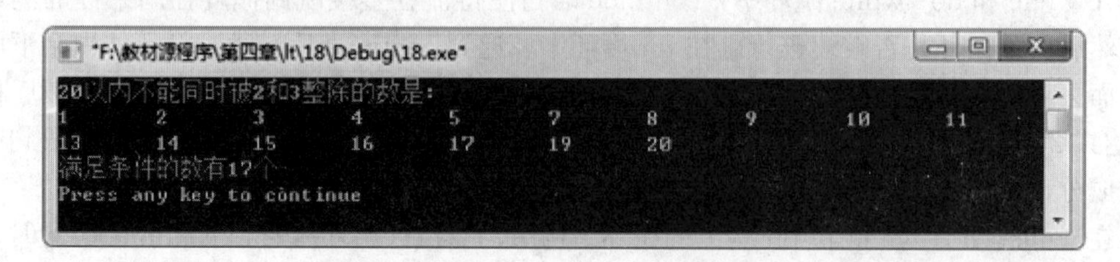

图4-24 ［例4-18］程序运行结果

【例4-19】 两个乒乓球队进行比赛，各出三人。甲队为a、b、c三人，乙队为x、y、z三人。已抽签决定比赛名单。有人向队员打听比赛的名单。a说不和x比，c说不和x、z比，请编程序找出三队赛手的名单。

程序实现代码：

```
#include<stdio.h>
void main()
{
  int i,j,k; //a,b,c
  for(i='X';i<='Z';i++)
  {
    for(j='X';j<='Z';j++)
    {
      for(k='X';k<='Z';k++)
      {
        if(i=='X'||j==i||k=='X'||k=='Z'||j==k||i==k)
        continue;
        printf("A对%c,B对%c,C对%c\n",i,j,k);
      }
    }
  }
}
```

程序运行结果如图4-25所示。

图4-25 ［例4-19］程序运行结果

三、goto语句

goto语句是一种无条件转移语句，其功能是使程序执行的流程直接转移到指定位置的语句开始执行。

goto 语句的一般形式如下：

goto 语句标号；

说明：

（1）goto 语句的语义是改变程序流向，转去执行语句标号所标识的语句。

（2）语句标号是按标识符命名规则书写的符号，放在某一语句行前面，标号后加冒号“:”。语句标号起标识语句的作用，与 goto 语句配合使用。例如：

label:　i++;　　//这里的 label 就是一个语句标号

（3）C 语言不限制程序中使用标号的次数，但各标号不得重名。

（4）goto 语句通常与条件语句配合使用，可用来实现条件转移，构成循环。

【例 4-20】 求整数 1 到 n 之间的奇数之和，其中 n 由用户指定。

分析：程序中使用了 if 语句和 goto 语句构成循环结构，由于结构化程序设计为防止程序执行流程的任意跳转，要求限制 goto 语句的使用，所以只需要了解其执行流程就可以了。

程序实现代码：

```
#include<stdio.h>
void main()
{
   int n,i=1,sum=0;
   printf("请输入 n:");
   scanf("%d",&n);
   label: sum+=i;
   i+=2;
   if(i<=n) goto label;
   printf("sum=%d\n",sum);
}
```

图 4-26　[例 4-20]程序运行结果

程序运行结果如图 4-26 所示。

说明：

（1）结构化程序设计思想不提倡使用 goto 语句，原因是过多使用 goto 语句会造成程序流程任意跳转，程序可读性差且容易引发错误。

（2）如果要使用 goto 语句，往往与 if 语句配合使用，表示在满足某种条件的情况进行跳转而不是任意跳转。

【例 4-21】 从键盘输入的一行字符，编写程序统计输入字符的个数。

程序实现代码：

```
#include<stdio.h>
void main()
{
   int n=0;
   printf("请输入一个字符串:");
```

```
    loop:
    if(getchar() !='\ n')
    {
    n++;
    goto loop;//跳转到标号 loop 处
    }
    printf("字符个数是: % d\ n", n);
}
```

程序运行结果如图 4-27 所示。

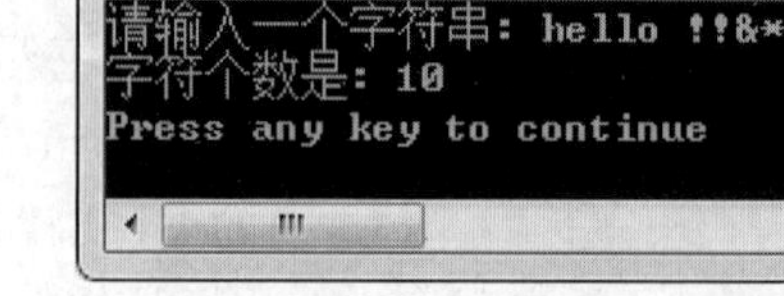

图 4-27 [例 4-21]程序运行结果

四、 return 语句

return 语句一般用在函数中，其功能是终止函数的运行并使程序流程返回主调函数中函数调用语句处，然后开始执行函数调用语句的下一条语句；如果函数有返回值，将返回值也带回主调函数。

关于 return 语句的作用，将在第 5 章中再进行详细的讨论。

拓展练习：猜数字游戏

编写一个猜数字的小游戏，该游戏可以由程序随机产生一个 1～100 的整数供用户猜测，玩游戏者可以通过游戏提示来进行猜测，直到猜出这个数字。当用户输入猜测的数字后，如果用户猜测的数值比实际数字大，游戏提示“大了!”，如果用户猜测的数值比实际数字小，游戏提示“小了!”。如果用户在第 n 次猜测的数值等于实际数字，则游戏提示“你真聪明，只用 n 次就猜对了!”。用户只有 10 次猜测机会，如果 10 次都未猜中，则提示“看来你猜不出来了，下次加油!”。

参考代码：

```
#include<stdio. h>
#include<stdlib. h>
#include<time. h>
void main()
{
    int question,answer;
    int guesscount;
    srand(time(NULL));//用随机函数
    printf("猜数游戏请输入 1-100 的正整数。\nLet's go !\n");
    question=rand()%100+1;
    guesscount=0;//清零猜的次数
    while(1)
    {
        guesscount++;
```

```
        printf("猜猜是几:");
        scanf("%d",&answer);
        if(answer==question)
        {
            printf("你真聪明,只用%d 次就猜对了。\r\n",guesscount);
            break;
        }
        else
          {
            if (guesscount< 10 )
            printf("%s 了! \n 再",answer>question? "大":"小" );
            else
            {
               printf("看来你猜不出来了,下次加油! r\n");
               break;
            }
          }
        }
    }
```

程序运行结果如图 4-28 所示。

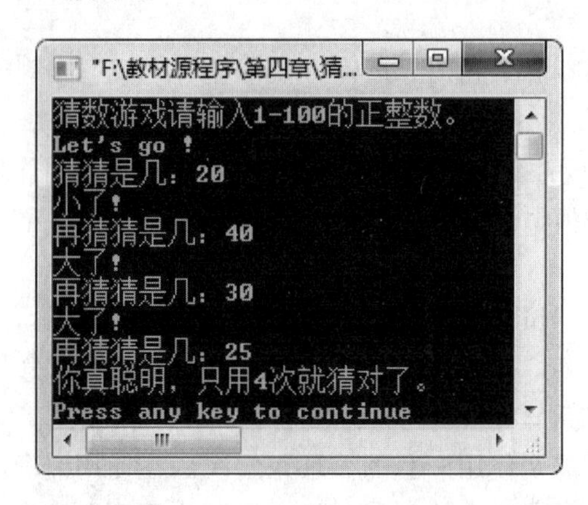

图 4-28　“猜数字游戏”程序运行结果

说明：

(1) 程序中调用 rand () 函数产生 1～100 的随机数。rand () 函数包含在头文件 stdlib.h 中。采用 rand 函数产生某区间数据的方法：

产生 [0，10]：rand ()%10

产生 [0，100]：rand ()%100

产生 [100，200]：(rand ()%100) +100

(2) srand () 用来设置 rand () 产生随机数时的随机数种子。函数 srand () 包含在头文件 stdlib.h 中。rand（）函数在产生随机数前，需要系统提供的生成伪随机数序列的种子，rand（）根据这个种子的值产生一系列随机数。如果系统提供的种子没有变化，每次调用 rand（）函数生成的伪随机数序列都是一样的。srand（unsigned seed）通过参数 seed 改变系统提供的种子值参数 seed 必须是个整数，从而可以使得每次调用 rand 函数生成的伪随机数序列不同，最终实现真正意义上的“随机”。通常可以利用系统时间来改变系统的种子值，即 srand（time（NULL）），可以为 rand（）函数提供不同的种子值，进而产生不同的随机数序列。

小　结

本章结合四个案例详细介绍了 while、do - while 和 for 三种循环语句及转移语句。几种语句在使用时要注意考虑以下几点：

（1）三个循环语句都可以处理同样的问题，一般情况下可以互相替代。其中，for 语句的形式较为灵活，主要用在循环次数已知的情形；while 和 do - while 语句一般用在循环次数在循环过程中才能确定的情形。

（2）while 和 do - while 语句处理问题比较相近，循环初始化的操作要在进入 while 和 do - while 循环体之前完成；循环条件都放在 while 语句后面，在循环体中都必须有使循环趋于结束的操作。它们之间不同之处是 while 循环是先对循环条件进行判断，后执行循环体中的语句；如果循环条件一开始就不成立，则循环体将一次也不执行。而 do - while 循环则是先执行一次循环体中的语句，后对循环条件进行判断。所以，无论一开始循环条件是否成立，循环体都被执行一次。

（3）for 语句从表面看与 while 和 do - while 不同，但从流程图上看它们的本质是一样的。for 语句的执行顺序与 while 语句相同，先对循环条件进行判断，后执行循环体中的语句。在使用 for 语句时，要注意三个表达式在执行过程中的不同作用和先后次序，表达式 1 通常用来给循环变量赋初值，表达式 2 通常是控制循环的条件，而表达式 3 通常是循环变量的变化。

（4）使用 while、do - while 和 for 这三个语句时，要注意 for 语句和 while 语句中表达式后面都不能加分号，而在 do - while 语句的表达式后面则必须加分号。另外，如果循环体为多个语句，一定要放在花括号“{}”内，以复合语句的形式使用。

（5）遇到复杂问题时需要使用嵌套的循环来解决，在使用嵌套的循环时，要注意每个循环结构必须完整地被包含在另一个循环结构中，循环之间不能出现交叉现象。

（6）为了实现程序流程的灵活控制，C 语言还提供了 break、continue、goto 和 return 转移语句，转移语句能够控制程序执行的流程。break 语句通常用在循环语句和 switch 语句中。当 break 语句用于 while、do - while 和 for 循环语句中时，可使程序终止 break 语句所在层的循环。continue 语句的作用是结束本次循环，即跳过本次循环体中其余未执行的语句，提前进行下一次循环。continue 语句只能用在 while、do - while 和 for 等循环体中。对于 while 和 do—while 循环，若遇到 continue，则跳到该循环的条件表达式的位置；而对于 for 循环，则跳到该循环的表达式 3 的位置，而不是表达式 2 的位置。goto 语句是一种无条件转移语句，其功能是使程序执行的流程直接转移到指定位置的语句开始执行。结构化程序设计思想不提倡使用goto语句，原因是过多使用goto语句会造成程序流程任意跳转，程序可读性差且容易引发错误。goto语句往往与if语句配合使用，表示在满足某种条件的情况进行跳转而不是任意跳转。

一、判断题

1. C语言中，do - while语句构成的循环只能用break语句退出。(　　)

2. 在循环外的语句不受循环的控制，在循环内的语句也不受循环的控制。(　　)

3. 从语法角度看，for（表达式1；表达式2；表达式3）语句中的3个表达式均可省略。(　　)

4. for、while和do - while循环结构的循环体均为紧接其后的第一个语句（含复合语句)。(　　)

5. 由“i=－1；while（i<10）i+=2；i++；”可知，此while循环的循环体执行次数为6次。(　　)

6. 循环for（　;　;　）的循环条件始终为真。(　　)

7. while后的表达式只能是逻辑或关系表达式。(　　)

8. break语句执行时退出本层循环，continue语句结束本次循环。(　　)

9. for循环、while循环和do - while循环结构之间可以相互转化。(　　)

10. break语句执行时退出到包含该break语句的所有循环外。(　　)

二、选择题

1. while循环语句中，while后一对圆括号中表达式的值决定了循环体是否进行。因此，进入while循环后，一定有能使此表达式的值变为________的操作；否则，循环将会无限制地进行下去。

A. 0　　B. 1　　C. 成立　　D. 2

2. 在do - while循环中，循环由do开始，用while结束。注意，在while表达式后面的________不能丢，它表示do - while语句的结束。

A. 0　　B. 1　　C. ;　　D. ,

3. for语句中的表达式可以部分或全部省略，但两个________不可省略。但当三个表达式均省略后，因缺少条件判断，循环会无限制地执行下去，形成死循环。

A. 0　　B. 1　　C. ;　　D. ,

4. 程序段如下：

```
int k=1;
while(!k==0)    {k=k+1;printf("%d\n",k);}
```

说法正确的是________。

A. while循环执行2次　　B. 循环是无限循环

C. 循环体语句一次也不执行　　D. 循环体语句执行一次

5. 以下for循环是________。

```
for(a= 0,b= 0;(b! = 123)&&(a< = 4);a+ + )
```

A. 无限循环　　B. 循环次数不定　　C. 执行 4 次　　D. 执行 5 次

6. 以下叙述中正确的是________。

A. break 语句只能用于 switch 语句体中

B. continue 语句的作用是使程序的执行流程跳出包含它的所有循环

C. break 语句只能用在循环体内和 switch 语句体内

D. 在循环体内使用 break 语句和 continue 语句的作用相同

7. 执行以下程序时输入 1234567890＜按 Enter 键＞，则其中 while 循环体将执行________次。

```
#include"stdio. h"
void main()
{
  char ch;
  while((ch=getchar())=='0')
  printf("# ");
}
```

A. 10　　B. 0　　C. 2　　D. 1

8. 下列程序的输出结果是________。

```
#include"stdio. h"
void main()
{
  int k=5;
  while(-k) printf("% d",k-=3);
  printf("\ n");
}
```

A. 1　　B. 2　　C. 4　　D. 死循环

9. 以下程序的运行结果是________。

```
#include "stdio. h"
void main()
{
  int n=4;
  while(n--)
  printf (“% 2d”,--n);
}
```

A. 2　0　　B. 3　1　　C. 3　2　1　　D. 2　1　0

10. 以下程序的运行输出结果是________。

```
#include "stdio. h"
void main()
{
  int k=5,n=0;
  do
  { switch(k)
      { case 1:case 3: n+=1; break;
        default: n=0;k--;
        case 2: case 4: n+=2;k--;break;}
    printf("%d", n);
  }while(k>0&&n<5);
}
```

A. 2345　　B. 0235　　C. 02356　　D. 2356

三、填空题

1. 以下程序的功能是：从键盘上输入若干个学生的成绩，统计并输出最高成绩和最低成绩，当输入负数时结束输入。请填空。

```
#include "stdio. h"
void main()
{
  float x,amax,amin;
  scanf("%f",&x);
  amax=x;
  amin=x;
    while ____________
     {
    if(x>amax)          amax=x;
    if ______________ amin=x;
    scanf("%f",&x);
    }
    printf("\namax=%f\namin=%f\n",amax,amin);
}
```

2. 下面程序可求出 1～1000 的自然数中所有的完数（因子和等于该数本身的数）请填空。

```
#include"stdio. h"
void main()
{
  int  m, n, s;
  for(m=2;m<1000;m++)
```

```
  {__________
  for(n=1;n<=m/2;n++)
  if(__________)      s+=n;
  if(__________)      printf("%d\n", m);
  }
}
```

3. 以下程序的功能是根据 $e=1+\frac{1}{1!}+\frac{1}{2!}+\frac{1}{3!}+\cdots$ 求 e 的近似值，精度要求为10^{-6}，请填空。

```
#include "stdio.h"
void main()
{
  int   i=1;
  double e,new;
  e=1.0;   new=1.0;
  while(__________)
  {
    new/=(double) i;
    e+=new;
    __________;
  }
printf("e=%e\n",e);
}
```

四、编程题

1. 编写程序，求两个整数的最大公约数。

2. 把输入的整数（最多不超过 5 位）按输入顺序的反方向输出，例如，输入数是 12345，要求输出结果是 54321，编程实现此功能。

3. 有一分数序列：2/1，3/2，5/3，8/5，13/8，21/13，…，编写程序求这个数列的前 20 项之和。

4. 编写程序，利用公式 e=1+1/1！+1/2！+1/3！+…+1/n!，求出 e 的近似值。其中，n 的值由用户输入（用于控制精确度）。

5. 编一程序，将 2000 年到 3000 年中的所有闰年年份输出并统计出闰年的总年数，要求每 10 个闰年放在一行输出。

6. 编写一程序，求 1－3＋5－7＋…－99＋101 的值。

7. 编写程序，计算 1！＋2！＋3！＋…＋n！的值，其中 n 的值由用户输入。

第五章　函　　数

内容概述

函数是C程序的基本模块，C程序通常由一个或几个函数组成，其中有且仅有一个以main命名的函数，这个函数称为主函数。C程序中的每一个函数都是一个独立的模块，能够用来完成某种操作，而C程序通过对函数模块的调用实现特定的功能。前面已经接触过printf、scanf等系统提供的标准库函数，C语言的库函数虽然很丰富，但实际问题千变万化，库函数不可能完全满足用户的需求，因此用户需要创建符合自己需求的函数。本章通过三个案例主要讨论C语言函数的定义、函数调用方式、数据传递过程以及变量的作用域和存储类别等相关内容，进而培养用户使用函数来解决实际问题的能力。

知识目标

掌握函数的定义及一般调用形式；
掌握函数的嵌套调用和递归调用方法；
掌握数组作为函数参数的应用；
掌握函数中变量存储类别及作用域；
掌握内部函数与外部函数的区别。

能力目标

能够定义并编写函数；
能够调用函数并理清函数调用的执行过程；
能够正确使用变量的存储类别；
能够调试程序设计中常见的编译错误。

案例一　学生成绩统计

案例分析与实现

案例描述：

实际工作中存储完学生成绩之后，常常会对学生的成绩进行统计。现已知某同学两门课的成绩，编写程序计算该同学两门课的平均分和总分。

案例分析：

本案例可以自定义函数 sum 用来求和，自定义函数 average 用来求平均数，由 main 函数调用这两个函数，完成一个同学两门课的平均分和总分的计算。

案例实现代码：

```
#include<stdio.h>
float sum(float cj1,float cj2)
{
   return (cj1+cj2);
}
   float average(float cj1,float cj2)
{
   return (cj1+cj2)/2;
}
void main()
{
   float cj1=80,cj2=70;
   float suml=0,average1=0;
   suml=sum(cj1,cj2);
   average1=average(cj1,cj2);
   printf("该学生的总分为:%5.2f，平均分为:5.2f\n",suml,average1);
}
```

程序运行结果如图 5-1 所示。

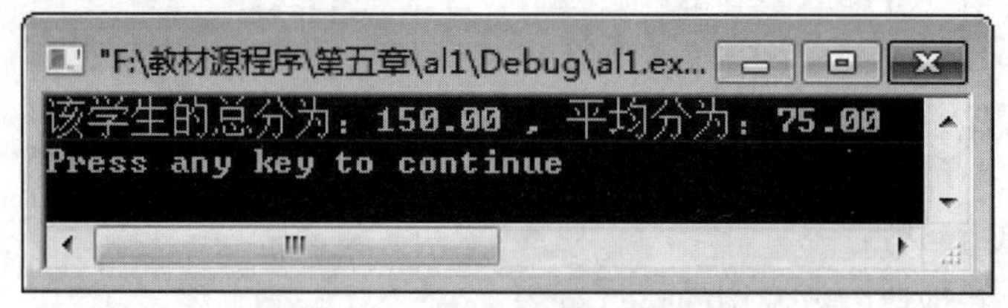

图 5-1　案例一程序运行结果

相关知识：函数

一、 函数的分类

所谓函数，是指频繁使用且功能独立的操作。从函数定义的角度看，C 语言函数可分为库函数和用户定义函数两种。

1. 库函数

库函数由编译系统提供，虽然各编译系统提供库函数的数量和功能不尽相同，但一般都提供了 ANSI C 标准所建议的数百个库函数，实现输入输出、字符处理、数学运算等一系列功能。

库函数在使用时，只需要在程序前包含有该函数原型的头文件即可在程序中直接调用，如在使用 printf、scanf、getchar、putchar、gets、puts 等函数时，需要加上头文件 # include" stdio. h"。

【例 5-1】 有两名同学 A 和 B，请输入 A、B 两人的代号及成绩，并输出成绩。

程序代码如下：

```
#include "stdio. h"
void main()
{
  char c1,c2;
  int x,y;
  printf("请输入 A 的成绩及代号：");
  scanf("% d:% c",&x,&c1);
  printf("请输入 B 的成绩及代号：");
  scanf("% d:% c",&y,&c2);
  printf("输出 A 的代号及成绩：");
  printf("% c:% d\ n",c1,x);
  printf("输出 B 的代号及成绩：");
  printf("% c:% d\ n",c2,y);
}
```

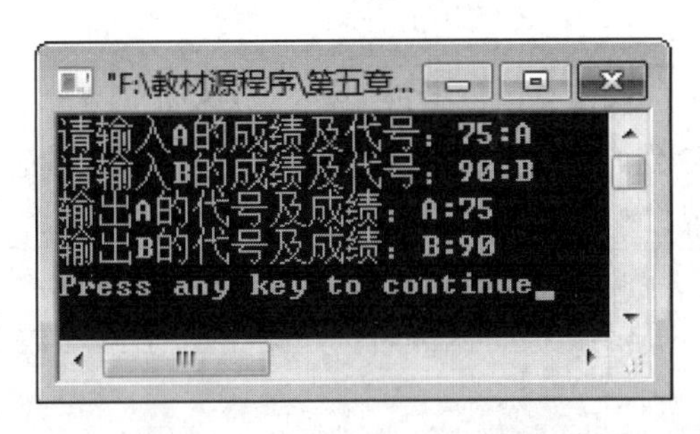

图 5-2 [例 5-1]程序运行结果

程序运行结果如图 5-2 所示。

2. 自定义函数

除了系统提供的库函数外，用户可以根据自己的需要任意定义多个自己的函数，每个函数实现特定的功能，有利于程序的模块化；将常用的功能模块编写成函数，在需要时加以调用，可避免重复编程。

用户定义的函数可以同 main 函数放在一个源文件中，也可以在某源文件中进行定义，而在另一个源文件中进行调用。一个较大的程序，通常由多个源文件组成，每个源文件中包含一个或多个函数的定义。各源文件分别编写、分别编译，然后链接，形成可执行程序，从而使程序结构化程度高，易于编写、阅读和调试，提高工作效率。

【例 5-2】 用自定义函数的形式，编程输出如下形式：

```
********************
    How do you do!
********************
```

```
#include<stdio. h>
void stars(int n);
void main()
{
```

```
    stars(20);
    printf("        How do you do! \n");
    stars(20);
}
void stars(int n)
{
    int i;
    for(i=1;i<=n;i++)
    putchar('*');
    putchar('\n');
}
```

程序运行结果如图 5-3 所示。

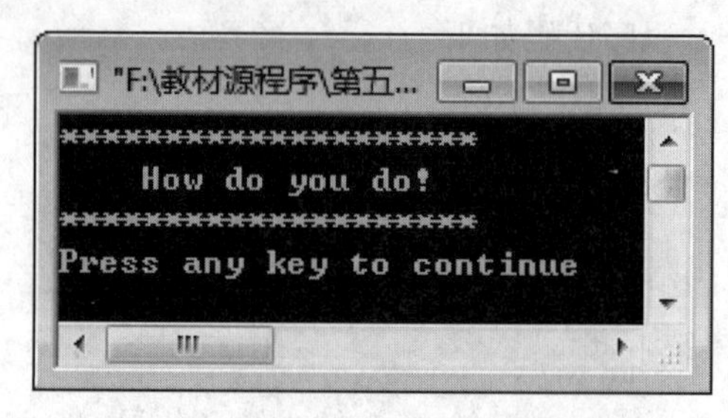

图 5-3 [例 5-2]程序运行结果

二、函数的定义

函数是由函数说明和函数体两部分组成。函数说明部分包括对函数名、函数类型、形式参数等的定义和说明；函数体包括对变量的定义和执行程序两部分，由一系列语句和注释组成。整个函数体由一对花括号括起来。

函数定义的一般形式如下：

函数类型 函数名（数据类型 形式参数 1，数据类型 形式参数 2，…）
{
函数体；
}

说明：

(1) 函数名可以是任意合法的标识符，其命名规则同变量相同。通常，为了提高程序的可读性，一般函数的命名最好能“见名知意”。

(2) 函数名前的函数类型指的是函数返回值的类型。函数的返回值由函数体中的 return 语句传递。当函数返回值为整型时，函数类型可以省略，当函数只完成特定的操作而没有返回值时，可以用 void 类型。例如［例 5-2］中的 stars 函数。

(3) 函数体是函数完成主要功能的部分，包含在一对花括号内，由变量声明和可执行语句两部分组成。变量声明主要对本函数内部所使用的变量（称为局部变量）进行说明。如［例 5-2］中的 stars 函数中声明的变量 i。可执行语句部分实现具体的函数功能，它由 C 语言的基本语句组成，其中又可以包括对自定义函数或库函数进行调用的语句。

根据自定义函数是否有返回值和是否有参数，函数具体可以分为下列四种形式。

1. 无返回值无参数形式

【例 5-3】 无返回值无参数形式函数举例。

程序代码如下：

```
void Hello()                //自定义函数
```

```
{
  printf ("Hello world! \n");
}
  void main()                    //主函数
{
  Hello();
}
```

程序运行结果如图 5-4 所示。

图 5-4 [例 5-3]程序运行结果

2. 无返回值有参数形式

【例 5-4】 无返回值有参数形式函数举例。

程序代码如下：

```
void sum(int a,int b)    //自定义函数
{
  int s;
  s=a+b;
  printf("s=%d\n",s);
}
void main()              //主函数
{
  int x=2,y=3;
  sum(x,y);
}
```

程序运行结果如图 5-5 所示。

图 5-5 [例 5-4]程序运行结果

3. 有返回值无参数形式

【例 5-5】 有返回值无参数形式函数举例。

程序代码如下：

```
#include<stdio.h>
int sum()                    //自定义函数
{
  int a,b,s;
  printf("调用自定义函数时,请输入两个整数\n");
  scanf("%d%d",&a,&b);
  s=a+b;
  return s;
  }
  void main()                //主函数
```

```
{
   int s;
   s=sum();
   printf("s=%d\n",s);
}
```

若输入 8 和 9 两个整数，则运行结果如图 5 - 6 所示。

4. 有返回值有参数形式

【例 5 - 6】 有返回值有参数形式函数举例。

程序代码如下：

```
#include<stdio.h>
int sum(int a,int b)      //自定义函数
{
   int s;
   s=a+b;
   return s;
}
void main()               //主函数
{
   int x,y,s;
   printf("在主函数中,请输入两个整数\n");
   scanf("%d%d",&x,&y);
   s=sum(x,y);
   printf("s=%d\n",s);
}
```

若输入 3 和 4 两个整数，则运行结果如图 5 - 7 所示。

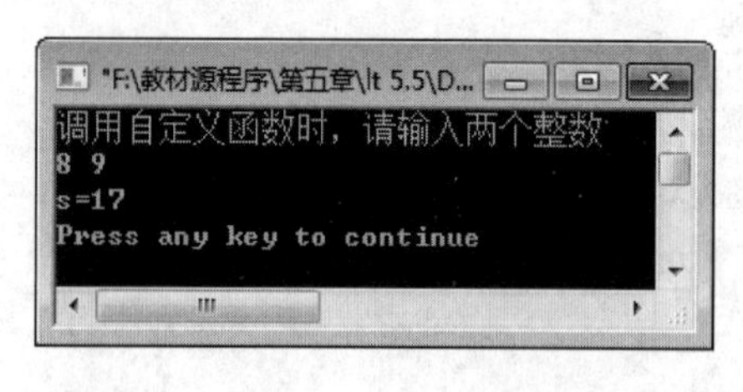

图 5 - 6　[例 5 - 5] 程序运行结果

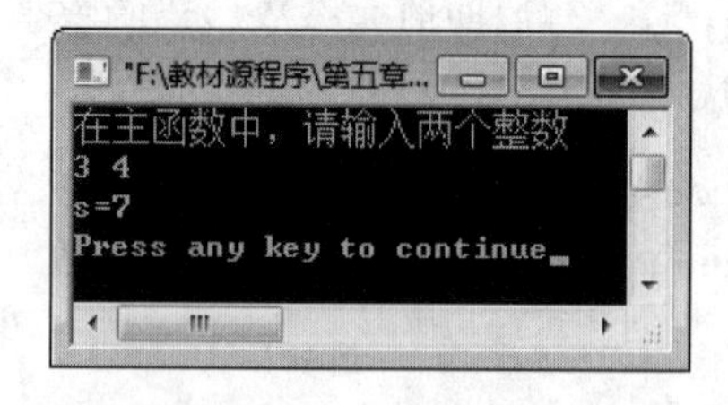

图 5 - 7　[例 5 - 6] 程序运行结果

三、 函数声明

C 语言要求在调用一个函数之前先进行函数声明，指出被调用函数的返回值类型，形参的个数及类型，编译系统根据此信息对函数调用进行语法检查。函数声明一般放在源程序文件开始的地方。例如，调用标准库函数时，需要在程序的最前面用＃include 命令包含该函

数所在的头文件。调用自定义函数时，在其前必须有相应的函数声明，如［例 5－2］所示，在 main（）函数中调用了 stars 函数，这时就需要在调用前进行 stars 函数的声明：void stars（int n）；

函数声明的一般形式如下：

返回值类型 函数名（形式参数）；

这种包含参数和返回值类型的函数声明称为函数原型，例如有以下函数定义：

```
int max (int a, int b)
{
函数体;
}
```

那么以下两种函数声明都可以：

```
int max (int a, int b);
int max (int, int);
```

在第二种声明中，不需要说明函数形式参数的名称，只要显示形参的类型就可以，这是因为形参名称在编译时会被编译器忽略。但是实际的编程中，建议采用第一种声明方式。

【例 5－7】 求 $C_m^n = m!/(n!(m-n)!)$。

分析：如果有一个函数 jc（k），其功能是求 k!，即 jc（5）就是 5!，jc（8）就是 8!，jc（10）就是 10!，显然对 m! /（n!（m—n)!）来说，就是 jc（m）/（jc（n）＊jc（m—n)）。下面进行函数 jc（k）的编写。

程序代码如下：

```
#include "stdio.h"
int jc(int k); /* 函数声明语句* /
void main()
{
   int m,n,c;
   printf("请输入 m,n 的值:");
   scanf("% d% d",&m,&n);
   c=jc(m)/(jc(n)* jc(m-n));
   printf("Cmn 的值为% d\ n",c);
}
/* 阶乘的函数* /
int jc(int k)
{
   int i;
   int t=1;
   for(i=1;i<=k;i++)
   t=t* i;
   return t;
}
```

程序运行结果如图 5 - 8 所示。

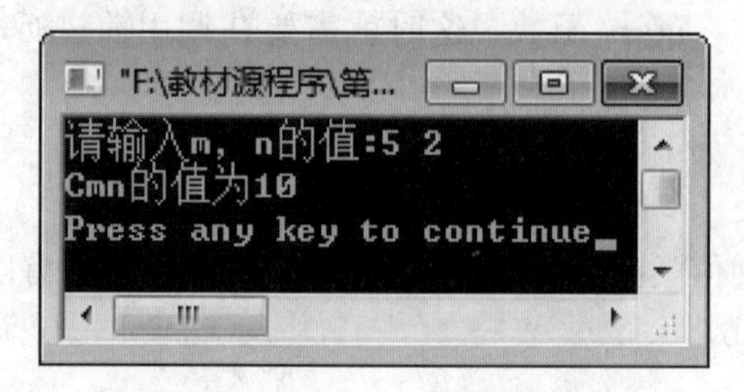

图 5 - 8 ［例 5 - 7］程序运行结果

另外，在同一源程序文件中，如果函数定义写在前面，函数调用写在后面，则在主调函数中可以省略函数声明。［例 5 - 2］可以写成如下形式：

```
# include<stdio. h>
void stars(int n)
{
   int i;
   for(i=1;i<=n;i++)
   putchar('*');
   putchar('\n');
}
   void main()
{
   stars(20);
   printf("How do you do! \n");
   stars(20);
}
```

四、 函数调用

1. 形式参数和实际参数

形式参数是指在定义函数时，在函数名后的圆括号中所列举说明的参数，简称形参。在形参说明时，应根据实际需要来指明每个形参的数据类型、名称，多个形参之间应用逗号隔开。如果函数不带参数，形参可以缺省，但函数名后的圆括号不能省略。

实际参数是指在函数调用时，在函数名后的圆括号中依次列出的参数，简称实参。发生函数调用时，主调函数把实参的值传递给被调用函数的形参，从而实现主调函数向被调函数的数据传送。

【例 5 - 8】 定义一个函数，求两个数之和。

程序代码如下：

```
# include<stdio. h>
```

```
int sum(int a,int b )       //自定义函数
{
   int s;
   s=a+b;
   return s;
}
void main()                 //主函数
{
   int x=2,y=3,z;
   z=sum(x,y);
   printf("z=% d\ n",z);
}
```

图 5-9　[例 5-8]程序运行结果

程序运行结果如图 5-9 所示。

sum 函数的功能是求两数之和，因此定义函数时需要两个参数 a 和 b，但此时它们没有具体的值，是形式参数。

主函数中调用 sum 函数，计算两数之和，此时需要给出具体的值，以实际参数 x 和 y 表示，将它们传递给形参 a 和 b。

C 语言规定，实参变量对形参变量的数据传递是“值传递”，即单向传递。在［例 5-9］中进一步说明了形参与实参的单向传递关系。

【例 5-9】 调用函数时的数据传递。输入两个数 x、y，求两个数中的大数。

程序代码如下：

```
#include "stdio.h"
int max(int x,int y)
{
   int t,max;
   if(x<y)
   {
      t=x;
      x=y;
      y=t;
   }
max=x;
printf("在函数中的 x,y 的值为 x=% d,y=% d\ n",x,y);
return max;
}
void main()
{
   int x,y,mm;
```

```
    printf("请输入 x,y 的值:");
    scanf("%d%d",&x,&y);
    printf("调用函数前 x,y 的值为 x=%d,y=%d\n",x,y);
    mm=max(x,y);
    printf("mm 的值为%d\n",mm);
    printf("调用函数后 x,y 的值为 x=%d,y=%d\n",x,y);
}
```

程序运行结果如图 5-10 所示。

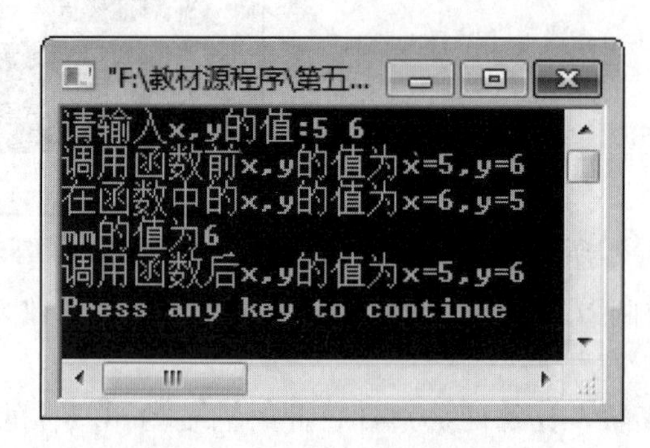

图 5-10 [例 5-9] 程序运行结果

尽管在主函数和 max（）函数中都定义了名为 x、y 的变量，但它们是属于不同的实体，仅仅是名称相同而已，就好比有两个人都叫李明，但一个是机电班的李明，另一个是自动化班的李明。所以，当主函数中的 x、y 值传递到 max（）函数时，x、y 的值发生了交换，但这只是发生在 max（）函数内部的事，与主函数一点关系都没有，即主函数调用了 max（）函数后，其 x、y 的值保持不变，还是原值。

[例 5-9] 表明：函数调用时，实参的值单向地传递给对应的形参，因此形参值的变化不会影响对应的实参。而实参必须有确定的值，类型可以是常量、变量、表达式、函数等。应预先用赋值、输入等办法，使实参获得确定的值，以便把这些值传送给形参。函数的形参和实参具有以下特点：

(1) 形参变量只有在被调用时才分配内存单元，在调用结束时，即刻释放所分配的内存单元。

(2) 实参可以是常量、变量、表达式等，在进行函数调用时，必须把具有确定的值传送给形参。

(3) 函数调用中发生的数据传送是单向的。

(4) 实参和形参在数量、类型和顺序上应严格一致。

当数组元素作为函数实参使用时与普通变量是完全相同的，在发生函数调用时，把作为实参的数组元素的值传送给形参，实现单向的值传送。

当使用数组名作为函数参数时，实参与形参都应使用数组名，这时数组名作为函数实参，不是把数组的值传递给形参，而是把实参数组的起始地址传递给形参数组，实参和形参的地址是相同的，即当形参的值发生变化时，实参的值也发生了变化。

【例 5-10】 使用地址传递的程序举例。

程序代码如下：

```
float aver(float a[])
{
  int i;
  float av,s=a[0];
  for(i=1;i<5;i++)
  s=s+a[i];
  av=s/5;
  return av;
}
void main()
{
  float s[5],av;
  int i;
  printf("请输入五门课的成绩:");
  for(i=0;i<5;i++)
  scanf("%f",&s[i]);
  av=aver(s);
  printf("平均成绩是:%5.2f\n",av);
}
```

程序运行结果如图 5-11 所示。

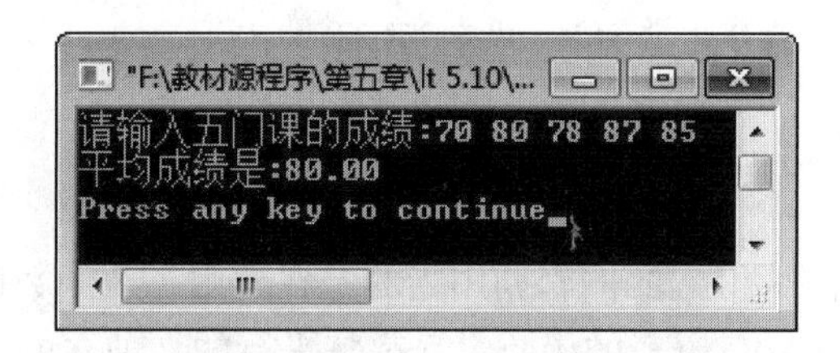

图 5-11　[例 5-10]程序运行结果

2. 函数的返回值

函数的返回值由 return 语句传递。return 语句结束被调用函数的调用，将被调用函数中的运算结果带回到主调函数，然后继续执行主调函数。

return 语句的一般形式如下：

return 表达式；或者 return（表达式）；

return 语句的功能是计算表达式的值，并返回给主调用函数。对于没有返回值的 void 类型的函数，可以不使用 return 语句，也可以使用 return 语句。

return 语句中表达式的值的数据类型，应当与函数定义中的返回值的数据类型一致，如果不一致，则以函数类型为准，进行数据类型转换；一个函数可以有一条以上的 return 语句，但每次调用只能有一个 return 语句被执行，返回一个函数值。

3. 函数调用

函数定义之后，通过函数调用，把实际参数传递给形式参数就可以实现所定义函数的功能。函数调用的一般形式如下：

函数名（实际参数表）

实际参数可以是常量、变量或其他表达式，但实参的类型、顺序和个数应当与函数定义时形参的类型、顺序和个数一致，如果实参和形参的数据类型不一致，则会发生数据类型转换，将实参的类型自动转换为形参的类型，因此有可能损失精度，甚至导致错误。如果函数用不到参数，函数名后面的圆括号内可以空着不填写实参。如果有多个实参，在各个实参之间需要用逗号隔开。

在C语言中，函数调用有以下几种方式：

（1）函数表达式。在表达式中，函数作为表达式的一项，以函数返回值参与表达式的运算。该方式要求函数具有返回值。例如［例5-6］的“s=sum（x，y）;”。

（2）函数语句。有些函数只进行某些操作而不返回函数值，此类函数的调用只需在函数调用的一般形式后加上分号即构成函数语句，这种方式不要求函数有返回值。例如，“sum（x，y）;”以函数语句的方式调用函数。

（3）函数参数。函数调用作为另一个函数调用的实参，实际是把该函数的返回值作为实参传递给另一个函数，因此，该方式要求函数具有返回值。例如［例5-6］中的printf("s=%d\n"，s）可以写为

printf("s=%d\n"，sum（x，y））;

其中，sum（x，y）是一次函数调用，它的返回值作为printf（）函数调用的实参。

五、 函数嵌套调用

1. 函数的嵌套调用

函数的嵌套调用指的是在调用一个函数的过程中，可以再调用一个函数。

C语言的函数定义都是平行的、独立的。也就是说，在定义一个函数时，该函数体内不能再定义另一个函数，即C语言不允许嵌套定义函数，但是允许嵌套调用函数，即在调用一个函数的过程中，又可以调用一个函数。其关系如图5-12所示。

【例5-11】 求$C_m^n=m!/(n!(m-n)!)$。要求用函数的嵌套方式完成。

分析：假设有3人参加，C负责计算jc（k），B向C要jc（k），然后计算C_m^n；A负责输入m、n两个数，然后直接问B要C_m^n的结果。

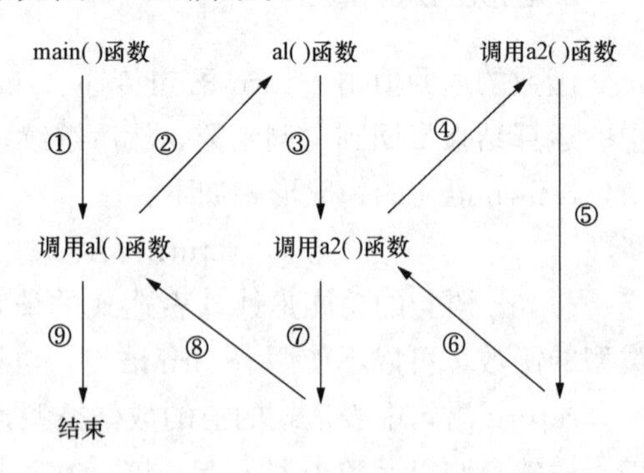

图5-12　函数嵌套调用示意

程序如下：

```
#include "stdio. h"
int jc(int k)   /* C的程序为* /
{
  int i;
  int t=1;
  for(i=1;i<=k;i++)
   t=t* i;
  return t;
}
int cmn(int m,int n) /* 而B的程序为:* /
```

```
{
  int z;
  z=jc(m)/(jc(n)* jc(m-n));
  return z;
}
void main()/* A 的程序为：* /
{
  int m,n,c;
  printf("请输入 m,n 的值:");
  scanf("% d% d",&m,&n);
  c=cmn(m,n);
  printf("Cmn 的值为% d\ n",c);
}
```

在这个程序中 A 要调用 B，而 B 要调用 C，使用的是函数的嵌套调用。程序运行结果如图 5 -13 所示。

图 5 - 13　[例 5 - 11]程序运行结果

2. 函数的递归调用

函数的递归调用就是在调用一个函数的过程中，又出现直接或间接地调用该函数本身。一个函数在其函数体内调用它自身称为递归调用，这种函数称为递归函数。

在递归函数中，由于存在着自身调用过程，程序控制将反复地进入它的函数体，为防止自引用过程无休止地继续下去，在函数体内必须设置某种条件。这种条件通常用 if 语句来控制，当条件成立时终止自调用过程，并使程序控制逐步从函数中返回。

【例 5 - 12】　通过函数的递归调用计算 n!。

程序如下：

```
# include "stdio. h"
long power(int n)
{
  long f;
  if(n>1)   f=power(n-1)* n;
  else   f=1;
  return(f);
}
void main()
{
  int n;
  long y;
  printf("input a inteager number:");
```

```
    scanf("%d",&n);
    y=power(n);
    printf("%d!=%ld\n",n,y);
}
```

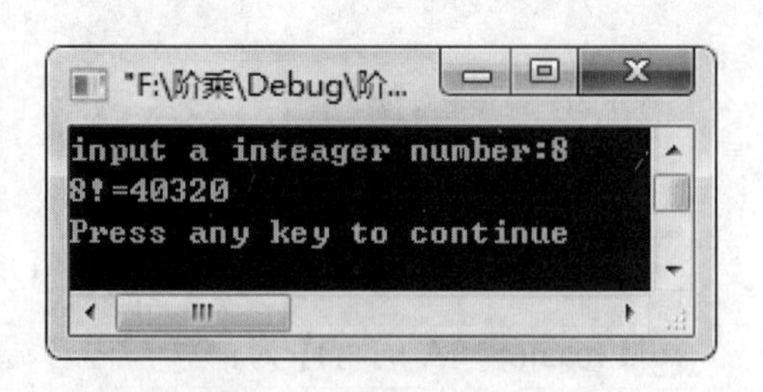

图 5-14 [例 5-12]程序运行结果

程序运行结果如图 5-14 所示。

程序中给出的函数 power 是一个递归函数。主函数调用 power 后即进入函数 power 执行，如果 n<0，n==0 或 n=1，都将结束函数的执行；否则就递归调用 power 函数自身。由于每次递归调用的实参为 n-1，即把 n-1 的值赋予形参 n，最后当 n-1 的值为 1 时再作递归调用，形参 n 的值也为 1，将使递归终止。然后可逐层退回。

拓展练习：猜年龄

5 个小朋友排队做游戏。问第 5 个小朋友多少岁？他说比第 4 个小朋友大 2 岁；问第 4 个小朋友多少岁？他说比第 3 个小朋友大 2 岁；问第 3 个小朋友多少岁？他说比第 2 个小朋友大 2 岁；问第 2 个小朋友多少岁？他说比第 1 个小朋友大 2 岁；问第 1 个小朋友多少岁？他说是 10 岁。请问第 5 个小朋友多大？

分析：要知道第 5 个小朋友的年龄，则一定要知道第 4 个小朋友的年龄；要知道第 4 个小朋友的年龄，则一定要知道第 3 个小朋友的年龄；要知道第 3 个小朋友的年龄，则一定要知道第 2 个小朋友的年龄；要知道第 2 个小朋友的年龄，则一定要知道第 1 个小朋友的年龄。而第一个小朋友的年龄是已知的，是 10 岁，这样倒推就能知道第 5 个小朋友的年龄。若用 age（n）表示第 n 个小朋友的年龄，则有

$$\text{age} = \begin{cases} 10 & (n=1) \\ \text{age}(n-1)+2 & (n \geqslant 1) \end{cases}$$

参考代码：

```
#include "stdio.h"
int age(int n)
{
    int c;
    if (n==1)
        c=10;
    else
        c=age(n-1)+2;
    return c;
}
void main()
{
    printf("第五个小朋友的年龄为%d\n",age(5));
}
```

程序运行结果如图 5-15 所示。以上递归调用的执行和返回情况，可以借助图 5-16 来说明。

图 5-15 “猜年龄”程序运行结果

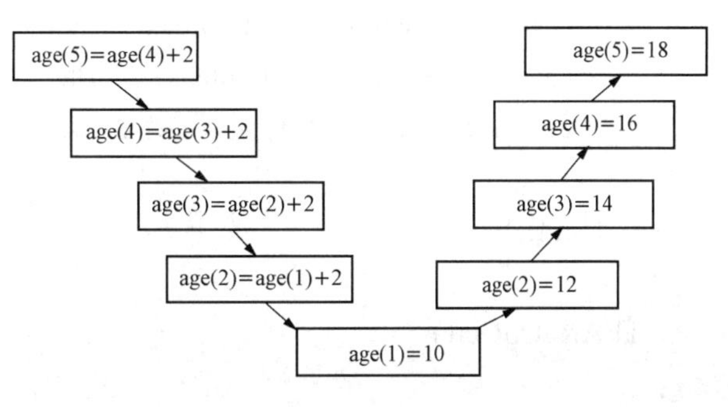

图 5-16 函数递归调用过程

案例二 平面几何图形面积计算器

案例分析与实现

案例描述：

用C语言编写一个面积计算程序，根据用户的选择分别求长方形、三角形、圆形的面积。

案例分析：

本案例要求完成的功能相对较多，为了使程序结构清晰，可将此案例进行分解，每个函数完成一种图形的面积计算，主函数的功能是设计一个菜单，调用相应的函数。

案例程序代码：

```
#include<stdio.h>
void AreaOfRect();
void AreaOfTriangle();
void AreaOfRound();
void main()
{
  int select;
  do
  {
    printf(" 0、退出\n 1、长方形\n 2、三角形\n 3、圆形\n");
    printf("请选择功能:");
    scanf("%d",&select);
    if(select==0)
      break;
    switch(select)
```

```
    {
      case 1 : AreaOfRect(); break; //长方形
      case 2 : AreaOfTriangle(); break; //三角形
      case 3 : AreaOfRound(); break; //圆形
      default : printf("输入有误,请在 0~4 之间选择。\n");
    }
  }while(1);
}
void AreaOfRect()
{
   int x,y;
   printf("请输入长方形的长:");
   scanf("%d",&x);
   printf("请输入长方形的宽:");
   scanf("%d",&y);
   printf("面积为:%d\n",(x*y));
}
void AreaOfTriangle()
{
   int x,y;
   printf("请输入三角形的底:");
   scanf("%d",&x);
   printf("请输入三角形的高:");
   scanf("%d",&y);
   printf("面积为:%d\n",(x*y)/2);
}
void AreaOfRound()
{
   int r;
   printf("请输入圆形的半径:");
   scanf("%d",&r);
   printf("面积为:%f\n",3.14*r*r);
}
```

程序运行结果如图 5 - 17 所示。

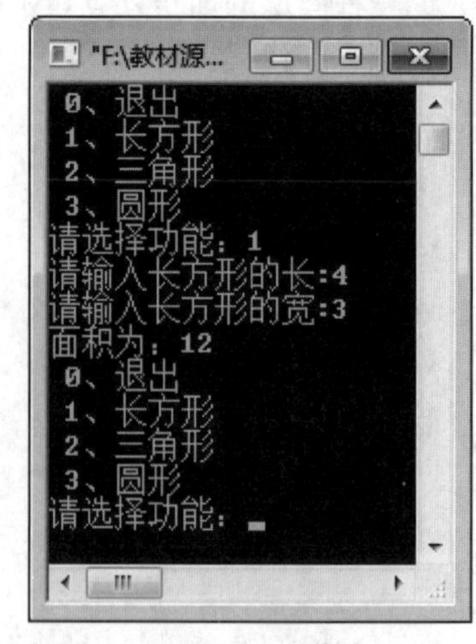

图 5 - 17　案例二程序运行结果

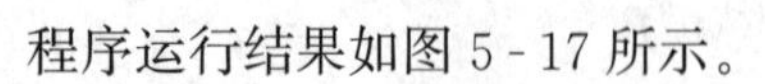

相关知识：局部变量

变量的生存期是指变量在某一时间范围内在内存中存在的时间，如果一个变量在整个程序的运行时间内一直存在，则为静态变量；如果一个变量只在某函数的执行过程中才存在，则为动态变量。静态变量存放在内存中的静态存储区，动态变量存放在内存中的动态存储区。变量的存储类别有 auto、static、register、extern 四种，变量的生存期由其存储类别决定。

变量的作用域是指变量能够起作用的程序范围，如果一个变量在某源程序文件或某函数范围内有效，则称该文件或函数为该变量的作用域，从作用域的角度区分，变量可分为局部变量和全局变量。

一、局部变量的作用域

在函数内部定义的变量称为局部变量。局部变量只在定义它的函数范围内有效，即它的作用域是本函数，只能在本函数内引用该变量，不能在本函数外的其他函数中使用。另外，函数的形式参数也是本函数的局部变量，也只能在本函数内引用。

例如：

```
int f1(int a)
{
int v1, x;
…
}
```

```
int f2(  )
{
int v2, x, y;
…
}
```

```
main(  )
{
int m, y;
…
}
```

在以上程序片段中，各函数分别定义了在本函数中有效的局部变量。函数 f1 的形参 a 的作用域为 f1，变量 v1、v2 和 m 的作用域分别是定义它们的 f1、f2 和 main。注意，在 f1 和 f2 函数中都定义了一个名为 x 的局部变量，在 main 和 f2 中都定义了一个名为 y 的局部变量，在两函数中分别定义的同名局部变量，其作用域都是本函数。两同名变量分别存放在各自的内存空间，互相独立、互不冲突。

【例 5-13】 局部变量的作用域。

```
void f(int a,int b)
{
  int i,j;
  i=a+2;
  j=b-1;
  printf("函数 f 中:a=%d,b=%d\n",a,b);
  printf("函数 f 中:i=%d,j=%d\n",i,j);
}
void main()
{
  int i=4,j=5;
  f(i,j);
  printf("主函数中:i=%d,j=%d\n",i,j);
}
```

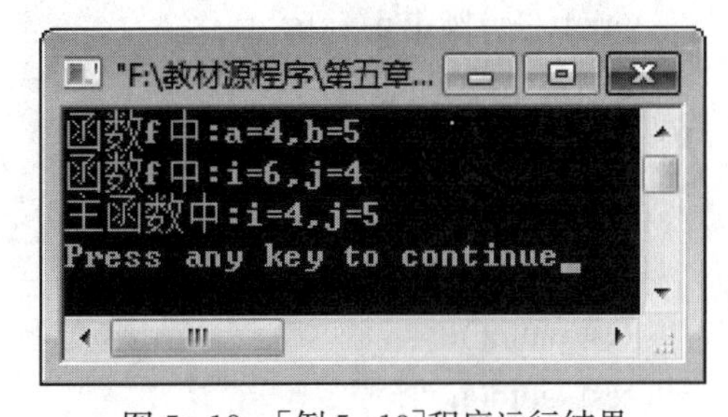

图 5-18 [例 5-13]程序运行结果

程序运行结果如图 5-18 所示。

[例 5-13] 中，主函数定义了两个变量 i 和 j，分别赋值 4 和 5，通过函数调用传递给形

参a和b，即a的值为4，b的值为5。函数f中定义了两个与主函数中同名的变量i和j，通过运算后，i的值为6，j的值为4，所以函数f的输出结果为a=4，b=5，以及i=6，j=4，而主函数中两个变量i和j作用域仅在此函数中，输出结果为i=4，j=5。

二、局部变量的存储类别

1. 自动变量auto

局部变量的存储类别有auto（自动）、static（静态）、register（寄存器）三种。以下程序片段定义了这三种存储类别的int型局部变量：

```
void main()
{
auto int a;
static int b;
register int i;
…
}
```

auto类型的局部变量最为常用。若变量的存储类别省略不写，则隐含为auto类型。auto类型局部变量存储在动态存储区中，当它们所在的函数被调用时，系统自动为其分配存储空间；当函数执行完毕，系统自动释放存储空间。自动变量是动态分配存储空间的，其生存期为函数的被调用期间。

使用自动变量可以节约存储空间，同一个存储单元，在某函数运行时分配给其中的自动变量，该函数运行完毕又可以分配给另一个函数的自动变量。在同一个函数的两次调用期间，自动变量的值不保留，如果自动变量定义时赋了初值，则相当于每调用一次函数都对该变量执行一条赋值语句。如果没有赋值语句，它的值是不定的。

【例5-14】 变量的存储类别。

```
#include<stdio.h>
void test_auto()
{
   int a=1;
   printf("a=%d\n",a);
   a++;
}
void main()
{
   test_auto();
   test_auto();
   test_auto();
}
```

程序运行结果如图 5 - 19 所示。

图 5 - 19　［例 5 - 14］程序运行结果

由于 a 是自动变量，所以每次调用 test _ auto 函数，a 都被赋一次初值 1，这样程序中三次调用 test _ auto 函数的结果总是 1。

2. 寄存器变量 register

register 类型的局部变量，性质与自动变量基本相同，只是它存放在 CPU 的寄存器中。CPU 存取寄存器的速度比存取内存的速度要快，因此，使用 register 类型的变量可以加快程序运行速度。CPU 中寄存器的数目有限，因此不能定义任意多个寄存器变量。由于寄存器变量的值放在寄存器而不是内存中，所以不能对它进行求地址运算。

由于现代编译系统能够识别使用频率高的变量，自动将其放在寄存器内，因此不需要在程序中特别指定。

3. 静态变量 static

static 类型的局部变量存储在静态存储区。静态局部变量分配在固定的存储空间，在程序的整个运行期间，该存储空间一直保留而不被释放，直到程序运行结束。该种变量通常用于需要保留函数上一次调用结束时的值的场合。由于其永久性的占用存储空间，因此下一次调用时，变量的值就是上一次调用结束时的值，两次调用期间变量的值保持连续。

如果定义静态局部变量而不初始化，则系统对整型和实型自动赋以 0，对字符型自动赋以 “\ 0”。静态局部变量在定义时赋了初值，则在编译时，只赋值一次，当程序运行时已有初值，不占用程序的运行时间。以后每次调用它们所在的函数时，保留上次调用结束时的值，不再重新赋初值。

【例 5 - 15】　静态变量。

```
#include<stdio.h>
void test_static()
{
  static int a=1;
  printf("a=%d\n",a);
  a++;
}
void main()
```

```
{
    test_static();
    test_static();
    test_static();
}
```

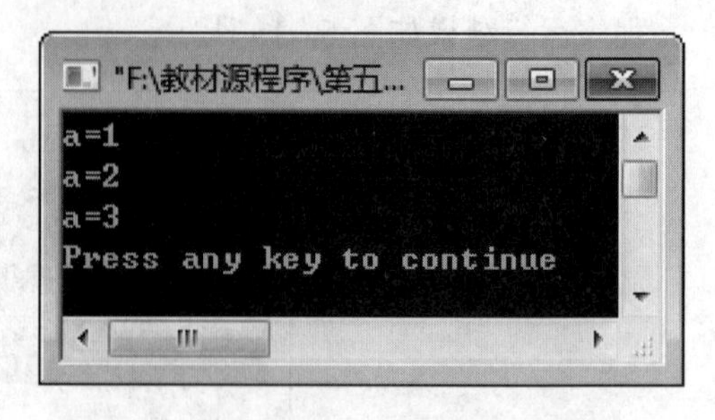

图 5-20 ［例 5-15］程序运行结果

程序运行结果如图 5-20 所示。

由于上面的程序中 a 是静态局部变量，所以仅在程序运行前赋一次初值，函数调用时不再赋初值，下次调用前保持上次调用后的值不变，这样其运行结果就与［例 5-14］中的自动变量不同。

拓展练习：年龄比较程序设计

用 C 语言编写一个年龄比较程序，根据用户输入的三个人的年龄，找出年龄最大的人。

参考代码：

```
#include<stdio.h>
int get_age();
void main()
{
    int age1, age2, age3;
    age1=get_age();
    age2=get_age();
    age3=get_age();
    if ( (age1>age2) && (age1>age3))
        printf("\n 年龄为 %d 的人最大\n", age1);
    else if( (age2>age1) && (age2>age3))
            printf("\n 年龄为 %d 的人最大\n", age2);
        else if( (age3>age1) && (age3>age2))
            printf("\n 年龄为 %d 的人最大\n", age3);
}
int get_age()
{
    int age;
    printf("\n 请输入年龄：   ");
    scanf("%d",&age);
    return age;
}
```

程序运行结果如图 5-21 所示。

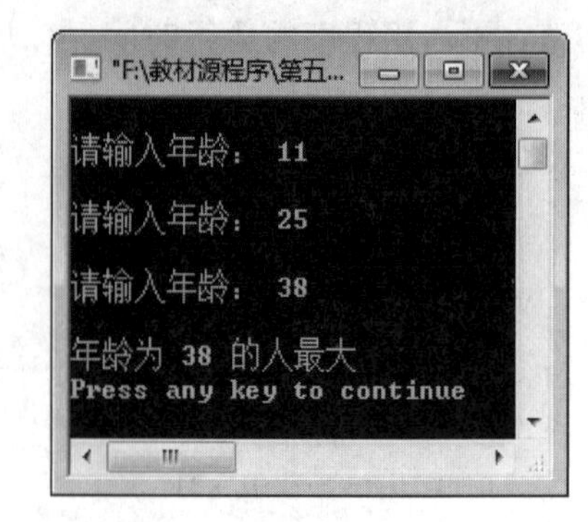

图 5-21 “年龄比较程序设计”程序运行结果

案例三　柜台收银计算

案例分析与实现

案例描述：

某商场为方便顾客消费结账，开通会员制度。结账时，若是会员消费，可以直接打九折；若是非会员，现金付款不打折；使用银联卡付款买单也可享有九折优惠。试编写收银计算程序，并输出显示。

案例分析：

本案例可通过使用全局变量假设总的消费金额，使用专门函数完成打折功能，使输出界面清晰明确。

案例程序代码：

```
# include<stdio. h>
int cashproc(int price, int type)
{
   if(type==1)
   return price;
   return price* 0. 9;
}
int cardproc(int price, int type) //会员买单
{
   if(type==1)
   return price;
   return price* 0. 9;
}
int sum=10000; //全局变量,设总的消费金额为 10000 元
void main()
{
   int manner, type;
   printf("请输入买单方式,1:现金,2:银联卡\n");
   scanf("% d",&manner);
   printf("请输入客户类型,1:普通用户,2:会员用户\n");
   scanf("% d",&type);
   switch(manner)
   {
   case 1 :                                    //使用现金
   printf("请付现金% d 元\n ",cashproc(sum,type));
   break;
```

```
    case 2 :                                    //使用银联卡
    printf("银联卡扣除%d 元(享受 9 折优惠)\n ",cashproc(sum,type));
    break;
    default :
    printf("error!!! \n");
    break;
  }
}
```

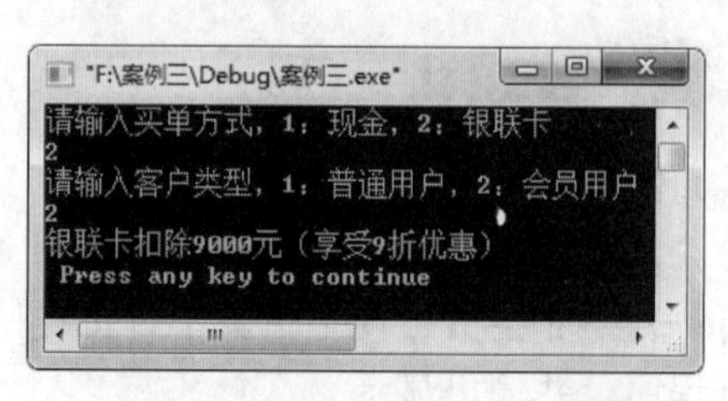

图 5 - 22　案例三程序运行结果

程序运行结果如图 5 - 22 所示。

相关知识：全局变量、内部函数、外部函数

一、全局变量的作用域

全局变量是指在函数外部定义的变量，其作用域是从源程序文件中定义该变量的位置开始，到本源程序文件结束，即位于全局变量定义后的所有函数都可以使用该变量。

例如：

```
int a, b;
void f1( )
{
...
}
```

```
float x, y;
int f2( )
{
...
}
```

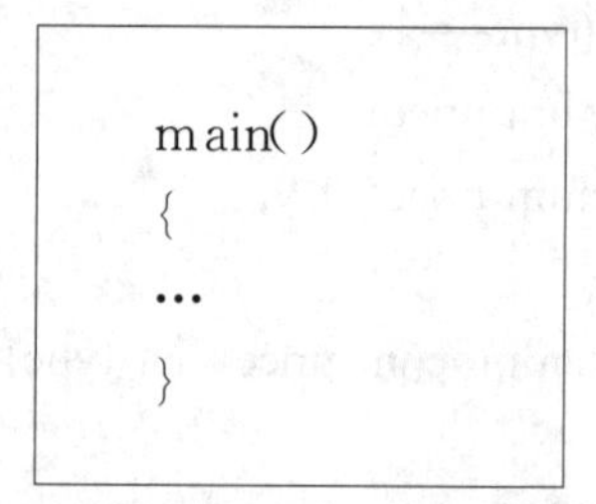

在以上程序片段中，a、b 定义在函数 f1、f2 和 main 的前面，是全局变量，在其后的三个函数中都可以使用。而 x、y 定义在函数 f2 和 main 的前面，在函数 f1 的后面，虽然也是全局变量，但其作用域为 f2 和 main 函数。

【例 5 - 16】 输入圆的半径，求圆的周长和面积。

```
#include<stdio. h>
float area;
float circle(float r)
{
  float c;
  c=2* 3. 14* r;
  area=3. 14* r* r;
  return c;
}
void main()
{
  float c,r;
```

```
    printf("请输入圆的半径:");
    scanf("%f",&r);
    c=circle(r);
    printf("圆的周长为:%f\n",c);
    printf("圆的面积为:%f\n",area);
}
```

图 5-23　[例 5-16]程序运行结果

程序运行结果如图 5-23 所示。

[例 5-16] 中，函数 circle 的功能是求圆的周长和面积，但函数通过 return 只返回周长的值，而圆的面积是通过全局变量 area 存储并输出结果。

利用全局变量增加了函数间的数据联系，由于多个函数都可以存取全局变量，因此在一个函数中改变了全局变量的值，就能影响到其他函数。利用全局变量，可以在函数间相互传递多个值，给程序设计带来方便，否则只能通过函数参数和返回值在函数间建立数据联系。

但全局变量的使用，会造成程序各模块间的相互联系、相互影响，从而降低模块的独立性。程序中若有局部变量与全局变量同名的情况，则如 [例 5-17] 所示。

【例 5-17】 局部变量与全局变量同名情况举例说明。

```
#include<stdio.h>
int a=2,b=3;
int sum(int a,int b)
{
    int s;
    s=a+b;
    return s;
}
void main()
{
    int a=4,s;
    s=sum(a,b);
    printf("s=%d\n",s);
}
```

图 5-24　[例 5-17]程序运行结果

程序运行结果如图 5-24 所示。

二、 全局变量的存储类别

全局变量存放在静态存储区，在程序的整个运行过程中都占用存储单元，生存期为整个程序的运行期间。全局变量具有 static（静态）和 extern（外部）两种存储类别，存储类别用来对其作用域进行限制或扩充。

1. 外部变量 extern

用 extern 对全局变量加以声明，就可以将其作用域扩充到整个文件或其他文件。例如：

```
float f1()
{
  extern int a;
  …
}
float f2()
{
…
}
int a;
float f3()
{
…
}
…
```

上面的程序段中，在 f1 内部有一个对全局变量 a 的“声明”——extern int a，说明 a 是一个在别的地方已经定义了的全局变量（在 f2 后、f3 前定义），这样就可以在函数 f1 中使用变量 a 了。另外，也可以将全局变量的作用域扩充到其他文件，这时只需在其中一个文件中定义一个全局变量，而在其他文件中利用 extern 完成对该变量的声明即可。

2. 静态变量 static

定义全局变量时加上 static 存储类别（称为静态全局变量），就可以将其作用域限制在定义该变量的文件中，而不能被其他文件引用。

利用静态全局变量可以使某一部分程序中所使用的数据相对于其他部分程序隐蔽起来，不能被其他文件所使用，因而不至于引起数据上的混乱，为程序的模块化和通用性提供了方便。

三、 内部函数与外部函数

一个源程序往往由多个源文件组成，每个源文件中又包含多个函数，C 语言根据函数能否被其他源文件中的函数调用，将函数分为内部函数和外部函数。函数在本质上是外部的，但是，也可以指定函数不能被其他文件调用。

1. 内部函数

如果在定义函数时，在函数名和函数类型前面加上 static，则此函数只能被本文件中的其他函数调用，不能被其他文件中的函数调用。例如：

```
static int fun (int a)
{
…
```

```
}
```

使用 static 可以使函数局限于该函数所在的文件，如果在其他文件中有同名的内部函数，则互不干扰。

2. 外部函数

如果函数定义时不指出 static，则函数就可以被本文件和其他文件中的函数调用。为了明确，可以在函数定义和声明时使用 extern，称为外部函数。例如：

```
文件 t0. c
extern int diff(int a,int b)
{
  int z;
  z=a-b;
  return z;
}
文件 t. c
#include "stdio. h"
int sum(int a,int b)
{
  int s;
  s=a+b;
  return s;
}
void main()
{
  int x,y,s,z;
  scanf("% d% d",&x,&y);
  s=sum(x,y);
  printf("s=% d\ n",s);
  z=diff(x,y);
  printf("z=% d\ n",z);
}
```

上面程序中，为了在文件 t. c 中可以调用文件 t0. c 中的 diff 函数，在 diff 函数前面加上 extern 后，在文件 t. c 中就可以调用了。

拓展练习：字符统计

编写统计字符串中大写字母、小写字母、其他字符个数及总字符个数的函数，不计“\0”。

参考代码：

```
#include<stdio. h>
```

```
int  Capital, Lower, Other, Total;
void count(char s[]);
void main()
{
  static char str[]= "The C Language";
  count(str);
  printf("%s\n",str);
  printf("大写字母:%d\n 小写字母:%d\n 其他字母:%d\n 总数:%d\n", Capital, Lower, Other, Total);
}
void count(char s[])
{
  int i;
  Capital=Lower=Other=Total=0;
  for(i=0;s[i]!='\0';i++)
  {
Total++;
if(s[i]>='A'&&s[i]<='Z')
    Capital++;
else if(s[i]>='a'&&s[i]<='z')
        Lower++;
      else
        Other++;
  }
}
```

程序运行结果如图 5-25 所示。

图 5-25 “字符统计”程序运行结果

小　结

本章是C语言的重点与难点，通过三个案例分别介绍了C语言的函数及变量、函数的作用域和存储类别，应重点理清C语言源程序的一般结构、实参和形参的一致性、函数调用中数据的传递、函数嵌套调用和递归调用的过程等内容。通过本章的学习，对结构化程序设计思想的理解会更加深入。

习　题

一、判断题

1. 函数返回值的类型与其形参的类型应该一致。(　　)
2. 函数必须要有返回值。(　　)

3. 定义函数时，形参不需要类型说明。(　　)
4. 形式参数是局部变量。(　　)
5. 建立函数易于C语言实现模块化的程序设计。(　　)
6. 函数必须有 return 语句。(　　)
7. auto 型的变量存储在动态存储区，生存期为函数被调用期间。(　　)
8. 全局变量只有 static 和 extern 两种存储类别。(　　)
9. 在调用一个函数过程中，又可以调用另外的函数，即函数的嵌套调用。(　　)
10. 一个函数可以直接或间接的调用该函数本身。(　　)

二、选择题

1. 在函数中声明一个变量时，可以省略的存储类型是________。
A. auto　　B. register　　C. static　　D. extern

2. C语言中的函数________。
A. 可以嵌套定义
B. 既可以嵌套调用也可以递归调用
C. 不可以嵌套调用
D. 可以嵌套调用，但不可以递归调用

3. 以下函数定义正确的是________。
A. double　fun(int x，int y)
B. double　fun(int x；　int y)
C. double　fun(int x，int y)；
D. double　fun(int　x，y)

4. 以下正确的函数形式是________。
A. double fun(int x,int y)
　{z=x+y;return z;}
B. fun (int x,y)
　{int z;return z;}
C. fun(x,y)
　{int x,y;　double z;
　z=x+y;　　return　z;}
D. double fun(int x,int y)
　{double　z;
　z=x+y;　return z;}

5. 以下错误的描述是________。
函数调用可以
A. 出现在执行语句中
B. 出现在一个表达式中
C. 作为一个函数的实参
D. 作为一个函数的形参

6. 若用数组名作为函数调用的实参，传递给形参的是________。
A. 数组的首地址
B. 数组第一个元素的值
C. 数组中全部元素的值
D. 数组元素的个数

7. 以下正确的说法是________。
如果在一个函数中的复合语句中定义了一个变量，则该变量
A. 只在该复合语句中有效
B. 在该函数中有效
C. 在本程序范围内有效
D. 为非法变量

8. 以下不正确的说法为________。
A. 在不同函数中可以使用相同名字的变量
B. 形式参数是局部变量

C. 在函数内定义的变量只在本函数范围内有效

D. 在函数内的复合语句中定义的变量在本函数范围内有效

9. 凡是函数中未指定存储类别的局部变量，其隐含的存储类别为________。

A. 自动（auto） B. 静态（static）

C. 外部（extern） D. 寄存器（register）

10. 下面程序的正确运行结果是：________。

```
void main()
{int a=2, i;
  for(i=0;i<3;i++)      printf("%4d",f(a));
}
f( int a)
{ int b=0;   static   int c=3;
  b++;   c++;
  return (a+b+c);}
```

A. 7 7 7 B. 7 10 13 C. 7 9 11 D. 7 8 9

三、填空题

1. C语言规定，可执行程序的开始执行点是________。

2. 在C语言中，一个函数一般由两个部分组成，它们是________和________。

3. 函数swap（int x，int y）可完成对x和y值的交换。在运行调用函数中的如下语句：{int a［2］＝｛1，2｝；swap（a［0］，a［1］）；}

a［0］和a［1］的值分别为________，原因是________。

4. 函数swap（arr，n）可完成对arr数组从第1个元素到第n个元素两两交换。在运行调用函数中的如下语句：

{int a［2］＝｛1，2｝；swap（a，2）；}

a［0］和a［1］的值分别为________，原因是________。

5. 设在主函数中有以下定义和函数调用语句，且fun函数为void类型，请写出fun函数的首部________。要求形参名为b。

```
void main()
{
  double s[10][22];
  int n;
  …
  fun(s);
  …
}
```

6. 返回语句的功能是从________返回________。

四、编程题

1. 编写一个判断奇偶数的函数，要求在主函数中输入一个整数，通过被调用函数输出该数是奇数还是偶数的信息。

2. 编写一个函数求 x!，并在主函数中调用。

3. 编写函数实现，输入一个整数，判断是否为素数（素数是只能被 1 和自身整除的数）。

4. 编写通过函数调用，找出任意三数中最小值的程序。

第六章 数 组

内容概述

前几章介绍的数据类型都属于C语言的基本数据类型，如整型、实型、字符型等，程序所涉及和处理的数据都比较简单，可以通过独立变量来处理。但是在实际应用中，人们经常要处理一批同类型的数据，如学生某门课程的考试成绩等，对于这种情况，C语言可用数组来表示大批量数据，数组是最简单、最常用的构造型数据类型。本章主要介绍数组的定义、初始化、数组元素的引用、数组的应用等相关问题。

知识目标

掌握数组的定义、初始化及引用方法；
理解数组的存储结构；
掌握冒泡法排序的算法；
理解选择法排序的算法；
掌握常用的字符串处理函数及使用方法；
掌握在数组中进行元素查找、插入、删除等操作。

能力目标

能够定义并使用数组；
能使用字符串处理函数；
能运用冒泡法进行数据的排序；
能够调试使用数组时常见的编译错误。

案例一 数据加密处理

案例分析与实现

案例描述：

某公司采用公用电话传递数据，数据是四位的整数，在传递过程中是加密的，加密规则如下：每位数字都加上5，然后用和除以10的余数代替该数字，再将第一位和第四位交换，第二位和第三位交换。请编写数据加密程序。

案例分析：

本案例可以采用数组处理多位整数数据，涉及数组元素的查找、插入、运算等操作。

案例实现代码：

```
#include "stdio.h"
#include "conio.h"
void main()
{
   int a,i,aa[4],t;
   printf("请输入要传输的四位整数:");
   scanf("%d",&a);
   aa[0]=a%10;        //取个位数
   aa[1]=a%100/10;    //取十位数
   aa[2]=a%1000/100;  //取百位数
   aa[3]=a/1000;      //取千位数
   for(i=0;i<=3;i++)
   {
      aa[i]+=5;
      aa[i]%=10;
   }
   for(i=0;i<=3/2;i++)
   {
      t=aa[i];
      aa[i]=aa[3-i];
      aa[3-i]=t;
   }
   printf("加密后的四位数据是:");
   for(i=3;i>=0;i--)
      printf("%d",aa[i]);
      printf("\n");
}
```

图 6-1　案例一程序运行结果

程序运行结果如图 6-1 所示。

相关知识：一维数组

C 语言中的数据类型主要有基本类型和构造类型两大类，前面所学的 int、float 等属于基本类型。根据具体问题可构造出复杂的数据类型，如数组、结构体等，这种复杂的数据类型称为构造类型。

数组是具有同一类型和相同变量名的变量的有序集合，这些变量在内存中占有连续的存储单元，在程序中一般用下标来区分。数组是一种十分有用的数据结构，可以分为一维数组、二维数组等。

一、一维数组的定义

一维数组由数组名和一个下标组成，在程序中必须先定义后使用，一维数组的定义方式如下：

数据类型说明符　数组名［常量表达式］；

例如：

int a[10];

定义了一个名为 a 的数组，该数组的长度为 10，最多可以存放 10 个元素，每个元素均为 int 类型。

说明：

(1) 数组名等同变量名，命名规则也与变量名一样。对“int x;”，称为变量 x；对“int a[20];”，称为数组 a。

(2) 数组名后是用方括号括起来的常量表达式。例如：

int a[3+5]; char c[10];

(3) 常量表达式表示数组的长度，数组一经定义，长度就固定不变，换言之，C 语言不允许对数组的大小作动态定义，所以方括号括起来的是常量表达式，不可以是变量。下面这样的定义是错的：

```
int n=8;
char a[n];
```

(4) 数组的下标从 0 开始。例如“int a[10];”，表示定义了 10 个数组元素，分别为 a[0]、a[1]、a[2]、a[3]、…、a[9]。

二、一维数组的引用

数组被定义之后，就可以使用了。引用数组中的元素可以通过使用数组名及跟在数组名后方括号中的下标来实现。一维数组元素的引用形式如下：

数组名[下标]

下标可以是常量、表达式、变量，例如 a[3]、a[5-3]、a[i]。

【例 6-1】 数组元素的使用，输入 3 个学生的成绩，并将其输出。

```
#include "stdio.h"
void main()
{
   int i,a[3];
   printf("输入数组元素:");
   for(i=0;i<3;i++)
   scanf("%d",&a[i]);
   printf("输出数组元素:\n");
   for(i=0;i<3;i++)
   printf("a[%d]=%d\n",i,a[i]);
}
```

程序运行结果如图 6-2 所示。

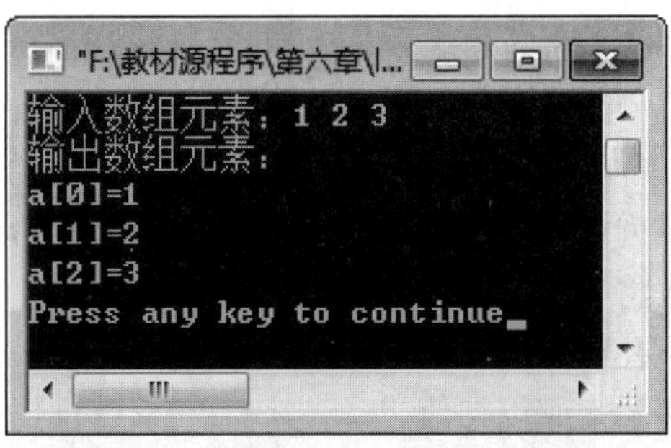

图 6-2　［例 6-1］程序运行结果

［例 6-1］中，如果要求第一个学生的成绩用下标 1 表示，第二个学生的成绩用下标 2 表示，第 3 个学生的成绩用下标 3 表示，则应定义为 int a[4]。

【例 6-2】 求学生的总评成绩。现有十个学生，从键盘上输入他们的平时成绩、期终成绩，输出总评成绩。总评成绩＝平时成绩＊40％＋期终成绩＊60％。程序流程图如图 6-3 所示。

```
#include "stdio.h"
void main()
{
  int i;
  float a[11],b[11],c[11];
  printf("输入平时成绩:");
  for(i=1;i<=10;i++)
  scanf("%f",&a[i]);
  printf("输入期终成绩:");
  for(i=1;i<=10;i++)
  scanf("%f",&b[i]);
  for(i=1;i<=10;i++)
  c[i]=0.4*a[i]+ 0.6*b[i];
  printf("输出总评成绩:");
  for(i=1;i<=10;i++)
  printf("%5.1f",c[i]);
  printf("\n");
}
```

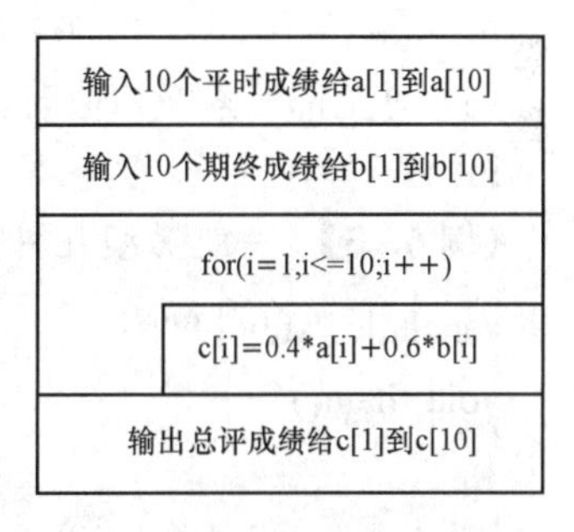

图 6-3　程序流程图

程序运行结果如图 6-4 所示。

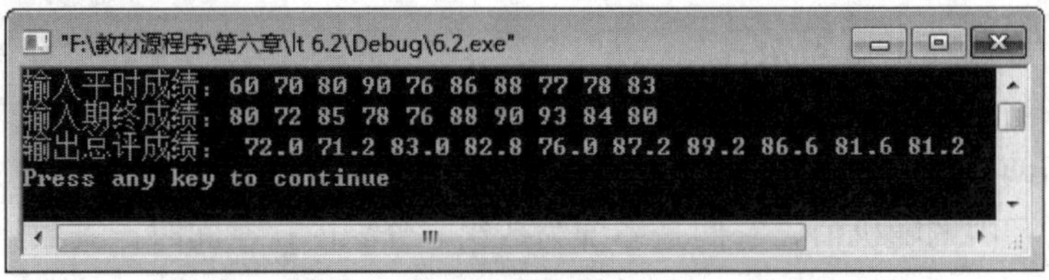

```
"F:\教材源程序\第六章\lt 6.2\Debug\6.2.exe"
输入平时成绩: 60 70 80 90 76 86 88 77 78 83
输入期终成绩: 80 72 85 78 76 88 90 93 84 80
输出总评成绩:  72.0 71.2 83.0 82.8 76.0 87.2 89.2 86.6 81.6 81.2
Press any key to continue
```

图 6-4　［例 6-2］程序运行结果

三、一维数组的初始化

C语言允许在定义数组时为各数组元素指定初值，即数组的初始化，一维数组初始化的一般形式如下：

数据类型说明符　数组名［常量表达式］＝｛初值列表｝；

其中，初值列表是一系列初值数据，放在一对花括号里，各初值之间用逗号分隔，系统将按初值的排列顺序，依次将它们赋予数组元素。

一维数组初始化有以下几种方法：

(1) 定义数组时对数组元素赋以初值。

int x[5]=｛1，2，3，4，5｝；

(2) 可以只给一部分元素赋初值。

int x[5]=｛1，2｝；

系统自动给指定值的数组元素赋值：x[0]=1，x[1]=2，其他元素值均为0。

(3) 如果一个数组的全部元素值都为0，可以写成：

int x[5]=｛0，0，0，0，0｝；或int x[5]=｛0｝；

(4) 对全部元素赋初值时，可以不指定长度。

int x[5]=｛1，2，3，4，5｝；等价于int x[ ]=｛1，2，3，4，5｝；

【例6-3】 一维数组几种初始化方法的比较。

```
#include "stdio.h"
void main()
{
  int a[5]={2,4,6,8,10};
  int b[5]={3,6,9};
  int i, c[3];
  printf("数组a为:");
  for(i=0;i<5;i++)
  printf("%5d",a[i]);
  printf("\n数组b为:");
  for(i=0;i<5;i++)
  printf("%5d",b[i]);
  printf("\n数组c为:");
  for(i=0;i<3;i++)
  printf("%5d",c[i]);
}
```

程序运行结果如图6-5所示。

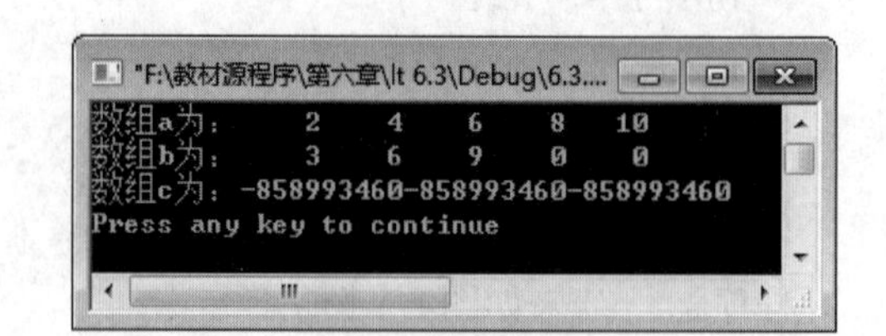

图6-5　[例6-3]程序运行结果

从程序运行结果看，数组a和数组b初始化后，它们的各个数组元素均获得了确定的初值，数组b中后两个数组元素由系统给定默认值0，而数组c由于在定义时未进行初始化，输出了3个不可预料的随机值，它们是系统为数组c分配内存空间时，其数组元素所占内存单元中的原始值。

拓展练习：数据排序

一、冒泡法

用冒泡法将10个整数由小到大排序。冒泡法是将相邻两个数比较，大数“下降”，小数“上浮”，其排序过程如下：

（1）比较第一个数与第二个数，若a[0]>a[1]，则交换；然后比较第二个数与第三个数；以此类推，直到第n－1个数和第n个数比较为止，第一轮冒泡排序的结果是最大的数下沉到第n个元素的位置上。

（2）对前n－1个数进行第二趟冒泡排序，结果使前n－1个数中最大的数下沉到第n－1个元素的位置。

（3）重复步骤1和步骤2，经过n－1轮冒泡排序后，排序结束。

冒泡法实现代码：

```
#include "stdio.h"
void main()
{
  int a[10], i, j, t;
  printf("请输入10个整数:\n");
  for(i=0;i<10;i++)
  scanf("%d",&a[i]);
  printf("\n");
  for(j=0;j<9;j++)
  for(i=0;i<9-j;i++)
  if(a[i]>a[i+1])
  {
  t=a[i];
  a[i]=a[i+1];
  a[i+1]=t;
 }
 printf("用冒泡法对10个整数的排序结果为:\n");
 for(i=0;i<10;i++)
 printf("%3d",a[i]);
 printf("\n");
}
```

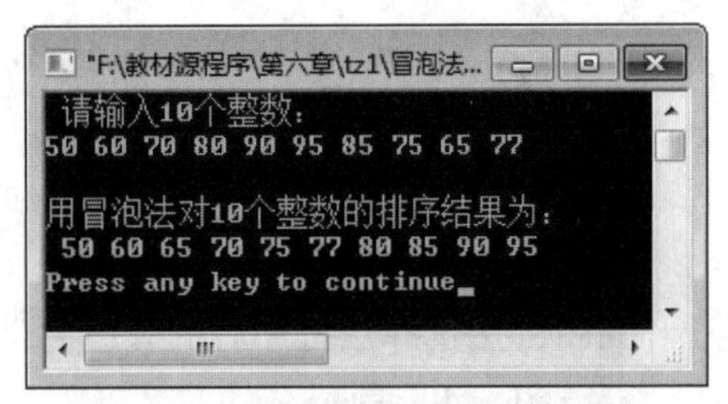

图6-6　“冒泡法”程序运行结果

程序运行结果如图6-6所示。

二、选择法

用选择法将10个整数由小到大排序。设有n个数，先将a[0]看作最小，将其放入a[min]单元中，用它去和a[1]、a[2]、…、a[n－1]比较，只要某单元的数小于

a[min]，就将该单元的数代替 a[min]。一轮比较完毕，最小数必然在 a[min] 中，然后将它放入 a[0] 中。再将 a[1] 放入 a[min] 中，重复以上操作，综上所述，数组中共有 n 个数，外循环要比较 n−1 次，内循环第一轮要比较 n−1 次，第 i 轮比较 n−i 次，最后一轮仅比较 n−(n−1) =1 次。

选择法实现代码：

```
#include "stdio.h"
void main()
{
  int a[10], i, j, min, temp;
  printf(" 请输入 10个整数:\n");
  for(i=0;i<10;i++)
  {
    printf("a[%d]=",i);
    scanf("%d",&a[i]);
  }
  printf("\n");
  printf("原数组为:\n");
  for(i=0;i<10;i++)
  printf("%3d",a[i]);
  printf("\n");
  for(i=0;i<9;i++)
  {
    min=i;
    for(j=i;j<n;j++)
    {
      if(a[min]>a[j])
      min=j;
    }
  temp=a[i];
  a[i]=a[min];
  a[min]=temp;
  }
printf("用选择法排序后的数组为:\n");
for(i=0;i<10;i++)
printf("%3d",a[i]);
printf("\n");
}
```

程序运行结果如图 6-7 所示。

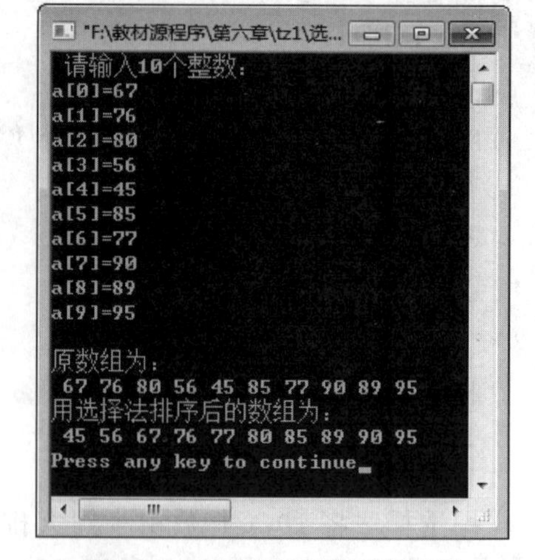

图 6-7 “选择法”程序运行结果

案例二　学生成绩管理

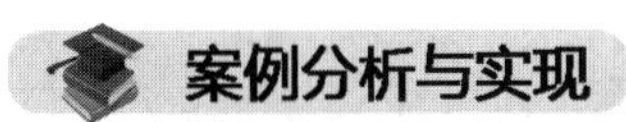

案例分析与实现

案例描述：

某班级一个学习小组有 6 名同学，每个人三门功课的期末考试成绩见表 6-1，现要求得全组分科的平均成绩和总平均成绩。

表 6-1　　**期末考试成绩**

科目	张	刘	李	赵	周	王
语文	90	60	89	85	86	79
数学	75	65	63	87	77	97
英语	82	71	70	100	95	70

案例分析：

一个小组 6 名同学 3 门课成绩的输入输出需要用到二维数组，第一维用来表示第几门课程，第二维用来表示第几个学生，如 a[1][2] 表示李同学的数学成绩，其值为 63。

案例实现代码：

```
#include<stdio.h>
void main()
{
  int a[3][6]={90,75,82,60,65,71,89,63,70,85,87,100,86,77,95,79,97,70};
  int i,j,sum=0;
  float k[3];
  float average;
  for(i=0;i<3;i++)       //表示 3 门课程
  {
    for(j=0;j<6;j++)   //表示 6 个学生
    {
      sum+=a[i][j];
    }
    k[i]=sum/6.0;
    sum=0;
  }
average=(k[0]+k[1]+k[2])/3;   //显示结果
printf("语文课程平均分为:%.1f\n数学课程平均分为:%.1f\n英语课程平均分为:%.1f\n",k[0],k[1],k[2]);
printf("全组成绩总平均分为:%.1f\n",average);
```

}

程序运行结果如图 6-8 所示。

图 6-8 案例二程序运行结果

相关知识：二维数组

前面介绍了一维数组，其数组元素只需要用数组名和一个下标就能唯一确定。二维数组有两个下标，其数组元素需要用数组名和两个下标才能唯一确定。

在编程解决实际问题时，通常用二维数组表示数学中的矩阵，数组的第一维表示矩阵的行，数组的第二维表示矩阵的列。将二维数组按行和列的形式进行排列，有助于形象地理解二维数组的构造。

一、 二维数组的定义

二维数组定义的一般形式如下：

数据类型说明符　　数组名 [常量表达式] [常量表达式]

例如“int a[3][4]”，定义了一个 3×4（3 行 4 列）的整型数组 a。

二维数组是一种特殊的一维数组。例如“int a[3][4];”，a 为数组名，先看第一维，表明它是一个具有 3 个元素的特殊的一维数组，三个元素分别为 a[0]、a[1]、a[2]。再看第二维，表明每个元素又是一个包含 4 个元素的一维数组，如 a[0] 这个元素包含 a[0][0]、a[0][1]、a[0][2]、a[0][3] 4 个元素。

二、 二维数组的引用

二维数组元素的表示形式：

数组名[下标] [下标]

例如“int a[3][4]”，表示行下标值最小从 0 开始，最大为 3－1＝2；列下标值最小为 0，最大为 4－1＝3，即

a[0][0]　a[0][1]　a[0][2]　a[0][3]
a[1][0]　a[1][1]　a[1][2]　a[1][3]
a[2][0]　a[2][1]　a[2][2]　a[2][3]

三、 二维数组的初始化

二维数组初始化的方法如下：

（1）分行给二维数组赋初值：

int a[3][4] ＝ {{1，2，3，4}，{4，5，6，7}，{6，7，8，9}}；

（2）将所有数据写在一个花括弧内，按数值排列的顺序对各元素赋初值：

int a[3][4] ＝ {1，2，3，4，5，6，7，8，9，10，11，12}；

（3）可以对部分元素赋初值：

int a[3][4] ＝ {{2，1}，{4}，{5，6，7}}；

a 数组分布如下：

$$\begin{bmatrix} 2 & 1 & 0 & 0 \\ 4 & 0 & 0 & 0 \\ 5 & 6 & 7 & 0 \end{bmatrix}$$

（4）如果对全部数组元素赋值，则第一维的长度可以不指定，但必须指定第二维的长度，全部数据写在一个大括号内。例如：

int a[][3] ＝ {1，2，3，4，5，6，7，8，9，10，11，12}；

第一维长度 4 省略。

【例 6-4】 求一个矩阵的所有靠外侧的元素值之和。设该矩阵为

$$a=\begin{bmatrix} 3 & 4 & 5 & 6 \\ 4 & 5 & 2 & 7 \\ 2 & 0 & 4 & 1 \end{bmatrix}$$

```
#include "stdio.h"
void main()
{
  int i,j,sum=0;
  int a[3][4]={3,4,5,6,4,5,2,7,2,0,4,1};
  for(i=0;i<3;i=(i+3)-1)//求第 0 行和最后一行各元素的和
  for(j=0;j<4;j++)
  sum=sum+a[i][j];
  for(j=0;k<4;j=(j+4)-1) //求第 0 列和最后一列中第一行到倒数第 2 行各元素的和
  for(i=1;i<2;i++)
  sum=sum+a[i][j];
  printf("sum=%d",sum);
}
```

程序运行结果如图 6-9 所示。

```
"F:\教材源程序\第六...
sum=36
Press any key to continue
```

图 6-9 [例 6-4]程序运行结果

拓展练习：杨辉三角

编程实现打印输出杨辉三角形，要求一共有 10 行 10 列。

参考代码：

```
#include<stdio.h>
```

```
void main()
{
  int a[10][10],i,j;
  for(i=0;i<10;i++)
  for(j=0;j<= i;j++)
  {
    if(j==0 || i==j)
    a[i][j]=1;
    else
    a[i][j]=a[i-1][j-1]+a[i-1][j];
  }
  printf("杨辉三角形:\n");
  for(i=0;i<10;i++)
  {
    for(j=0;j<=i;j++)
      printf("%6d",a[i][j]);
      printf("\n");
  }
}
```

程序运行结果如图 6-10 所示。

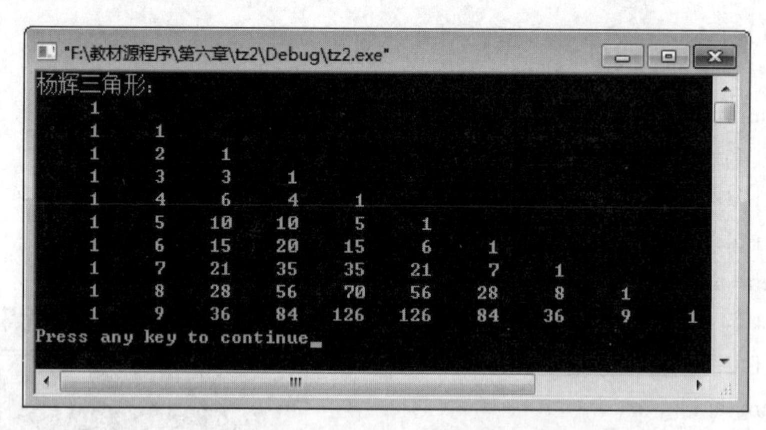

图 6-10 “杨辉三角”程序运行结果

案例三 信息解密处理

案例分析与实现

案例描述：

为了给电文解密，需要知道电文明文的加密方式。加密规则：小写字母 z 变换成为 a，大写字母 Z 变换成为 A，其他字母变换成为该字母对应的 ASCII 码的后 1 位的字母，其他非字母字符不变。请根据上面的加密规则为电文解密。

案例分析：

程序中的电文是一个字符串，根据加密规则，电文解密的原则分为 4 种情况。

（1）如果字符为小写字母 a 直接变换成为 z。

（2）如果字符为大写字母 A 变换成为 Z。

（3）小写字母 a～y 与大写字母 A～Y 转换成其相邻的前面一个字母，例如 e 变换成为 d，C 变换成 B。

（4）电文中的非字母字符不变

案例实现代码：

```
#include<stdio.h>
#include<string.h>
void jiemi(char str[]);
void main()
{
   char txtstr[100];
   printf("请输入加密后的电文: ");
   gets(txtstr);
   jiemi(txtstr);
   printf("解密后的电文为:%s\n",txtstr);
}
/* 字符串解密函数* /
void jiemi(char str[])
{
   int i=0;
   while(str[i]!='\0')
{
      if(str[i]=='a')
            str[i]='z';
      else if(str[i]=='A')
            str[i]='Z';
      else if((str[i]>'a'&&str[i]<='z')||(str[i]>'A'&&str[i]<='Z'))
            str[i]=str[i]-1;
      i++;
}
return;
}
```

程序运行结果如图 6－11 所示。

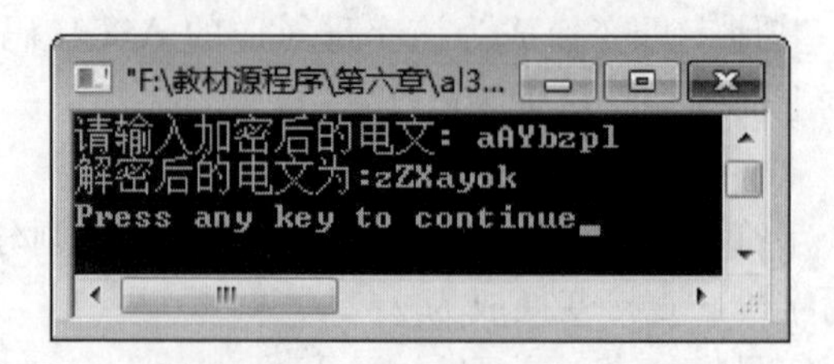

图 6-11　案例三程序运行结果

相关知识：字符数组、常用字符串处理函数

一、字符数组

1. 字符数组的定义

字符数组是用来存放字符型数据的数组，字符数组中的每一个元素存放单个字符，定义一个字符数组的方法如下：

char 数组名［常量表达式］；

例如：char c［10］；

以上含义为定义一个字符数组 c，它有 10 个元素。每个下标变量可以存放一个字符，其元素为

c［0］＝'I'；c［1］＝'□'；c［2］＝'a'；c［3］＝'m'；c［4］＝'□'；c［5］＝'h'；c［6］＝'a'；c［7］＝'p'；c［8］＝'p'；c［9］＝'y'

该数组的下标从 0 到 9，数组元素值如下：

I	□	a	m	□	h	a	p	p	y

与其他类型的数组一样，字符数组也可以是二维数组或多维数组，其定义方式与前面介绍的二维数组的格式相似，但其数据类型为 char。

2. 字符数组的初始化

字符数组的初始化与前面介绍的一维数组的初始化相似，有以下几种常用的初始化方式：

（1）定义时逐个字符赋给数组中各元素：

char c［5］＝｛'c'，'h'，'i'，'n'，'a'｝；

（2）可省略数组长度：

char c［］＝｛'c'，'h'，'i'，'n'，'a'｝；

系统根据初值个数确定数组的长度，数组 c 的长度自动为 5。

（3）字符数组可以用字符串来初始化。char c［6］＝"china"，其数组各元素值如下：

c	h	i	n	a	\0

char c［10］＝｛"china"｝　　/＊加不加花括号都没关系＊/

数组各元素值如下：

c	h	i	n	a	\0	\0	\0	\0	\0

二、 常用的字符串处理函数

1. 字符串的输入和输出

（1）用格式控制符“%c”实现逐个字符的输入输出。例如：

```
char c[6];
for(i=0;i<6;i++)
{scanf("%c",&c[i]);
printf("%c",c[i]);}
```

（2）用格式控制符“%s”和数组名实现字符串的输入输出。例如：

```
char c[6];
scanf("%s",c);
printf("%s",c);
```

注意：

1）输出时，遇“\0”结束，且输出字符中不包含“\0”。

2）“%s”格式输入时，遇空格或回车结束，但获得的字符中不包含回车及空格本身，而是在字符串末尾添“\0”。例如：

```
char c[10];
scanf("%s",c) ;
```

输入数据“How are you”，结果仅“How”被输入数组 c 中。

3）一个 scanf 函数输入多个字符串，输入时以空格键作为字符串间的分隔。例如：

```
char s1[5],s2[5],s3[5];
scanf("%s%s%s",s1,s2,s3);
```

输入数据“How are you”，s1、s2、s3 获得的数据如下：

s1	H	o	w	\0	\0
s2	a	r	e	\0	\0
s3	y	o	u	\0	\0

4）“%s”格式符输出时，若数组中包含一个以上“\0”，遇第一个“\0”时结束。

【例 6-5】 三个同学姓名的输入输出。

程序如下：

```
#include "stdio.h"
void main()
{
  char name1[20],name2[20],name3[20];
```

```
    printf("请输入姓名:\n");
    scanf("%s%s%s",name1,name2,name3);
    printf("------------------------\n");
    printf("输出的姓名为:\n");
    printf("------------------------\n");
    printf("%s,%s,%s\n",name1,name2,name3);
}
```

程序运行结果如图6-12和图6-13所示。程序的运行结果表明:%s输入时，空格或回车表示输入的分隔符。

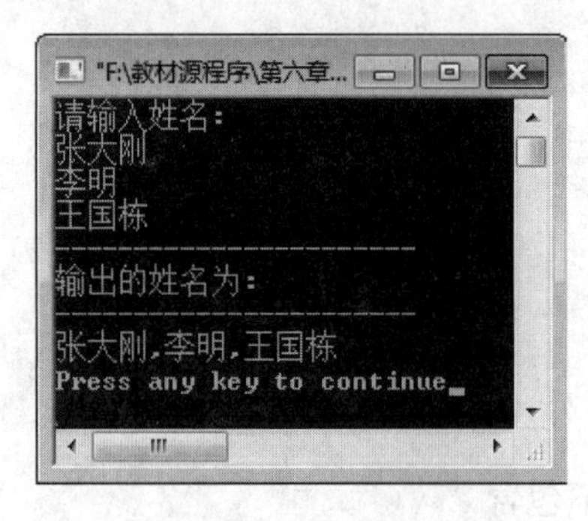

图6-12 ［例6-5］程序运行结果Ⅰ

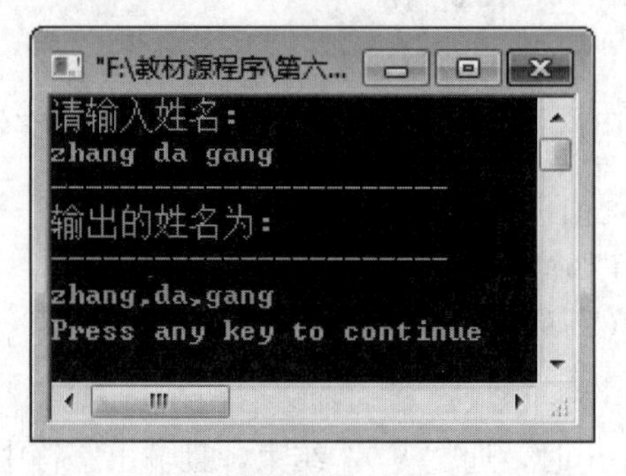

图6-13 ［例6-5］程序运行结果Ⅱ

（3）用gets（）和puts（）函数实现字符串的输入输出。

1）输入字符串函数。

格式：gets（字符数组）

例如：char s［12］;

　　　gets（s）;

功能：从键盘输入1个字符串。允许输入空格。

【例6-6】 用gets（）实现姓名的输入输出。

```
#include "stdio.h"
void main()
{
    char name1[20],name2[20],name3[20];
    printf("请输入姓名:\n");
    gets(name1);
    gets(name2);
    gets(name3);
    printf("------------------------\n");
    printf("输出的姓名为:\n");
    printf("------------------------\n");
    printf("%s,%s,%s\n",name1,name2,name3);}
```

程序运行结果如图 6-14 和图 6-15 所示。

图 6-14　[例 6-6] 程序运行结果 Ⅰ

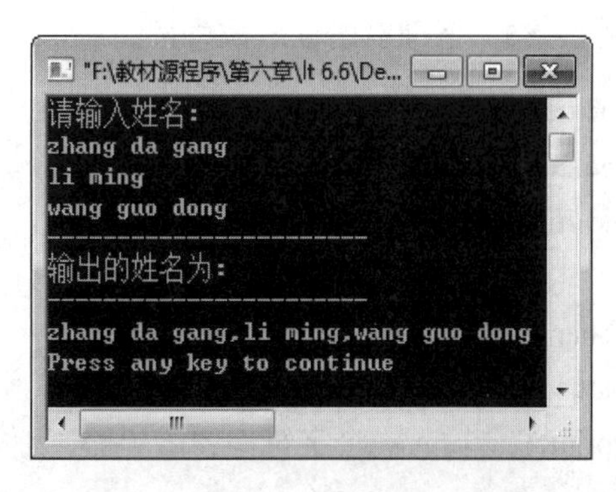

图 6-15　[例 6-6] 程序运行结果 Ⅱ

注意：gets（）允许输入空格！

2）输出字符串函数。

格式：puts（字符数组）

例如：char s [6] ＝ " china";

　　puts（s）;

功能：把字符数组中所存的字符串，输出到标准输出设备中，并用“\n”代替“\0”。

【例 6-7】 puts 函数的使用。

```
#include "stdio.h"
void main()
{
  char str[20];
  printf("请输入字符串:\n");
  gets(str);
  printf("字符串输出为:\n");
  puts(str);
}
```

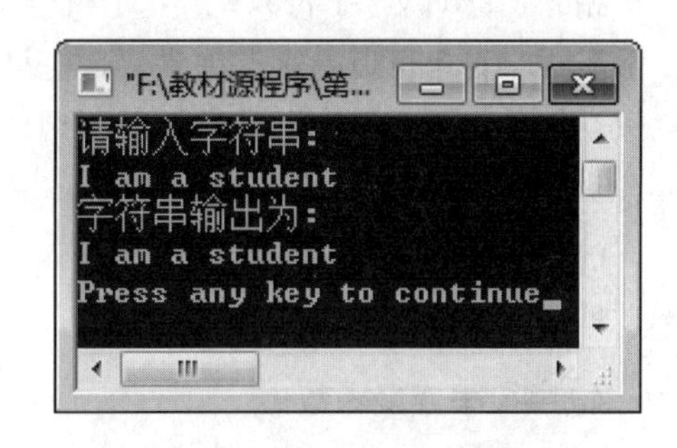

图 6-16　[例 6-7]程序运行结果

程序运行结果如图 6-16 所示。

2. 字符串比较函数

格式：strcmp（字符串 1，字符串 2）;

其中字符串 1、字符串 2 可以是字符串常量，也可以是一维字符数组。例如：

strcmp（str1，str2）;

strcmp（" China"，" English"）;

strcmp（str1，" beijing"）;

功能：比较二个字符串的大小。

如果字符串 1＞字符串 2，则函数返回值大于 0；如果字符串 1＝字符串 2，则函数返回值为 0；如果字符串 1＜字符串 2，则函数返回值小于 0。

注意：不能用关系比较符“==”来比较字符串，只能用 strcmp 函数来处理。

【例 6-8】 字符串比较函数举例。

```
#include"stdio.h"
#include"string.h"
void main()
{
  char a[30],b[30]="programing";
  int k;
  printf("请输入一个字符串:");
  gets(a);
  k= strcmp(a,b);
  if(k==0)
    printf("%s 等于%s\n",a,b);
  else
    printf("%s 不等于%s\n",a,b);
}
```

程序运行结果如图 6-17 所示。

图 6-17 [例 6-8]程序运行结果

3. 字符串复制函数

格式：strcpy（字符数组 1，字符串）；

其中字符串可以是字符串常量，也可以是字符数组。

功能：将“字符串”完整地复制到“字符数组 1”中，字符数组 1 中原有内容被覆盖。

例如：

```
char c [30];
strcpy (c, " Good moning");
```

4. 字符串连接函数

格式：strcat（字符数组 1 名，字符数组 2 名）；

功能：字符串连接函数 strcat（）来自头文件 string.h，该函数的作用是把字符数组 2 中的字符串连接到字符数组 1 中字符串后面。

5. 测试字符串长度函数

格式：strlen（字符数组名）；

功能：函数 strlen（）来自头文件 string.h，该函数的作用是求字符数组中字符串的实际字符个数，不包括字符串结束的标志“\0”。

6. 字符串中大小写转换函数

（1）大写字母转换小写字母函数 strlwr（）。

格式：strlwr（字符数组名）；

功能：函数 strlwr( ) 来自头文件 string. h，该函数的作用是将字符数组中字符串的大写字母转换成小写字母 。

(2) 小写字母转换大写字母函数 strupr( )。

格式：strupr(字符数组名)；

功能：函数 strupr( ) 来自头文件 string. h，该函数的作用是将字符数组中字符串的小写字母转换成大写字母。

拓展练习 ：统计各类别字符的个数

从键盘上输入一个字符串，统计其中字母、数字和其他字符的个数并输出结果。

参考代码：

```
#include<stdio.h>
#define N 100
void main()
{
  char a[N];
  int i,s1=0,s2=0,s3=0;
  printf("请输入一个字符串：");
  gets(a);
  for(i=0;a[i]!='\0';i++)
  {
    if(((a[i]>='a')&&(a[i]<='z'))||((a[i]>='A')&&(a[i]<='Z')))
                s1++;
    else if((a[i]>='0')&&(a[i]<='9'))
                s2++;
        else
                s3++;
  }
  printf("该字符串中字母为%d个,数字为%d个,其他字符为%d个。\n",s1,s2,s3);
}
```

程序运行结果如图 6-18 所示。

图 6-18　“统计各类别字符的个数”程序运行结果

小　结

本章介绍了数组定义、初始化和如何使用数组元素。重点介绍一维数组和二维数组元素的使用，以及利用数组在数据处理和数值计算中应用到的一些技巧与实用方法。

通过本章学习，要了解数组初始化时应注意的问题，能准确引用数组元素，在实际编程中紧密结合循环结构，熟练运用循环变量确定任意一个数组元素，实现对数组的有序控制和正确使用。

习　题

一、判断题

1. 数组元素的类型必须是整数类型。（　　）

2. 使用 puts() 函数输出字符串时，当输出“\n”时才换行。（　　）

3. 数组名后面的方括号中可以是常量表达式，也可以是变量。（　　）

4. C 语言中二维数组是按行存放的。（　　）

5. 数组名的命名规则同变量的命名规则相同。（　　）

6. 数组 a[4] 共有 4 个元素，分别为 a[1]、a[2]、a[3]、a[4]。（　　）

二、选择题

1. 在 C 语言中，引用数组元素时，其数组下标的数据类型允许是________。

A. 整型常量　　B. 整型常量或整型表达式

C. 整型表达式　　D. 任何类型的表达式

2. 以下对一维整型数组 a 的正确说明是________。

A. int a(10);

B. int n=10, a[n];

C. int n; scanf("%d", &n); int a[n];

D. #define SIZE 10　　int a[SIZE];

3. 以下能对一维数组 a 进行正确初始化的语句是________。

A. int a[10] = (0, 0, 0, 0, 0);　　B. int a[10] = { };

C. int a[ ] = {0};　　D. int a[10] = {10*1};

4. 不是给数组的第一个元素赋值的语句是________。

A. int a[2] = {1};　　B. int a[2] = {1*2};

C. int a[2]; scanf ("%d", a);　　D. a[1] =1;

5. 下面程序的运行结果是________。

```
main()
{
   int a[6],i;
   for(i=1;i<6;i++)
   {
```

```
    a[i]=9* (i-2+4* (i>3))% 5;
    printf("% 2d",a[i]);
  }
}
```

A. －4 0 4 0 4　　B. －4 0 4 0 3　　C. －4 0 4 4 3　　D. －4 0 4 4 0

6. 下列定义正确的是________。

A. static int a[]={1，2，3，4，5}　　B. int b[]={2，5}

C. int a(10)　　D. int 4e[4]

7. 若有说明“int a[][4] ＝ {0，0};”，则下列叙述不正确的是________。

A. 数组 a 的每个元素都可以得到初值 0

B. 二维数组 a 的第一维的大小为 1

C. 因为对二维数组 a 的第二维大小的值除以初值个数的商为 1，故数组 a 的行数为 1

D. 只有元素 a[0][0] 和 a[0][1] 可得到初值 0，其余元素均得不到初值

8. 设有 char str[10]，下列语句正确的是________。

A. scanf("%s"，&str);　　B. printf("%c"，str);

C. printf("%s"，str[0]);　　D. printf("%s"，str);

9. 下列说法正确的是________。

A. 在 C 语言中，可以使用动态内存分配技术定义元素个数可变的数组

B. 在 C 语言中，数组元素的个数可以不确定，允许随机变动

C. 在 C 语言中，数组元素的数据类型可以不一致

D. 在 C 语言中，定义了一个数组后，就确定了它所容纳的具有相同数据类型元素的个数

10. 假设 array 是一个有 10 个元素的整型数组，则下列写法中正确的是________。

A. array[0] ＝10　　B. array＝0

C. array[10] ＝0　　D. array[－1] ＝0

11. 执行以下程序段后，a 的值是________。

```
  static int a[]={5,3,7,2,1,5,4,10};
  int a=0;k;
  for(k=0;k<8;k+=2)
     a+=* (a+k);
```

A. 17　　B. 27

C. 13　　D. 有语法错误，无法确定

12. 分析下列程序：

```
void main()
{
  int n[3],i,j,k;
  for(i=0;i<3;i++)
  n[i]=0;
```

```
k=2;
for(i=0;i<k;i++)
for(j=0;j<k;j++)
n[j]=n[i]+1;
printf("%d\n",n[1]);
}
```

上述程序运行后，输出的结果是________。

A. 2　　B. 1　　C. 0　　D. 3

13. 若有以下定义：

```
int  a[5]={5, 4,3, 2, 1};
char  b='a', c, d, e;
```

则下面表达式中数值为 2 的是________。

A. a[3]　　B. a[e-c]　　C. a[d-b]　　D. a[e-b]

14. 下面几个字符串处理表达式中能用来把字符串 str2 连接到字符串 str1 后的一个是：________。

A. strcat(str1, str2);　　B. strcat(str2, str1);

C. strcpy(str1, str2);　　D. strcmp(str1, str2);

15. 设有两字符串“Beijing”“China”分别存放在字符数组 str1[10]、str2[10] 中，下面语句中能把“China”连接到“Beijing”之后的为________。

A. strcpy(str1, str2);　　B. strcpy(str1," China");

C. strcat(str1,"China");　　D. strcat("Beijing", str2);

三、填空题

1. 数组名定名规则和变量名相同，遵循________定名规则。

2. 对于一维数组的定义“类型说明符 数组名 [常量表达式]”，其中常量表达式可以包括________和________，不能包含________。

3. 在C语言中，引用数组只能通过________数组元素来实现，而不能通过整体引用来实现。

4. 如果要使一个内部数组在定义时每个元素初始化值为 0，但不进行逐个赋值，将其说明成________存储类型即可。

5. 定义变量时，如果对数组元素全部赋初值，则数组长度________。

6. 在C语言中，二维数组中元素排列的顺序是________。

7. 对于数组 a[m][n] 来说，使用数组的某个元素时，行下标的最大值是________，列下标的最大值是________。

8. 在C语言中，将字符串作为________处理。

四、编程题

1. 用起泡法对 10 个数排序。

2. 编一程序，从键盘输入 10 个整数并保存到数组，求出该 10 个整数的最大值、最小值及平均值。

3. 将一个 n * m 二维数组的行和列元素互换，存到另一个 m * n 的二维数组中，并输出其结果。例如 static int a[2][3] ={{1，2，3}，{4，5，6}}。

4. 编一程序，从键盘输入 10 个整数并保存到数组，要求找出最小的数和它的下标，然后把它和数组中最前面的元素对换位置。

第七章 指 针

内容概述

指针是C语言的一个重要概念，也是C语言的一个重要特点。正确使用指针能够表示和处理复杂的数据结构，设计出灵活高效的程序。但是由于指针较复杂，使用较灵活，初学者常常感到比较抽象和复杂，不容易掌握。因此，学习时必须从指针的概念入手，了解什么是指针，在C语言的程序中如何定义指针变量，指针在数组、函数等方面的应用，通过多编程，多调试程序来体会指针的使用规律，在实践中逐步掌握知识点。

知识目标

熟练掌握指针的定义、赋值、初始化；
掌握利用指针来引用单个变量的使用方法；
掌握利用指针来引用数组、字符串的使用方法；
掌握将指针作为函数参数的使用方法。

能力目标

会使用指针变量、数组指针、字符串指针实现程序；
能区分指针变量与字符数组、一般数组的区别；
能调试C语言程序设计中使用指针时常见的编译错误。

案例一 求两数中的最大数

案例分析与实现

案例描述：

编程实现，输入a和b两个整数，按照先大后小的顺序输出a和b。

案例分析：

本案例如果不改变变量a和b的值，可以通过定义指针变量，然后根据比较结果交换指针变量的指向，来实现按从大到小的顺序输出两个数。

案例实现代码：

```
# include<stdio. h>
```

```
void main()
{
   int *p1, *p2, *p, a, b;
   printf("请输入 a 和 b 两个整数:");
   scanf("%d %d",&a,&b);
   p1=&a;
   p2=&b;
   if(a<b)
   {
      p=p1;
      p1=p2;
      p2=p;
   }
   printf("a=%d,b=%d\n",a,b);
   printf("max=%d,min=%d\n",*p1,*p2);
}
```

程序运行结果如图 7 - 1 所示。

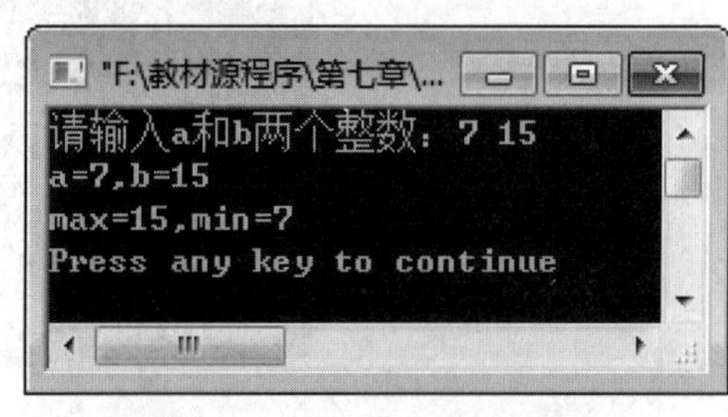

图 7 - 1 案例一程序运行结果

相关知识：指针的基本概念及基本运算

在 C 语言中，指针是一种较为特殊的数据类型——指针类型，简称指针。利用指针变量可以表示各种数据结构，能够很方便地使用数组和字符串，并能处理内存地址，指针极大地丰富了 C 语言的功能。

一、指针的基本概念

在计算机中，所有的数据都存放在存储器中，存储器中的一个字节称为一个内存单元或存储单元，计算机存储器中有多个内存单元，每个内存单元的大小是一样的，都能存放一个字节的数据；每一个内存单元都有一个编号，该编号就是内存地址。不同类型的数据所占用的存储单元不同，通常 int 型数据占连续的 4 个字节，char 型占 1 个字节，float 型占连续的 4 个字节，而数组要占更多的字节。

如果在程序中定义了一个变量，系统会根据变量的类型为该变量分配相应字节的内存空间。变量在内存空间里存放的数据称为变量的值。而系统为变量分配的存储空间的首个存储单元的地址称为变量的地址。由前几章的学习可知，取地址运算符“&”可以用来求取内存中变量的地址。

【例 7 - 1】 求取变量在内存中的地址。

```
#include<stdio.h>
void main()
{
   char ch='a';
```

```
    int t=12;
    double f=9.8;
    int a[3]={3,5,7};
    printf("char 型变量 ch 的地址为%p\n",&ch);
    printf("int 型变量 t 的地址为%p\n",&t);
    printf("double float 型变量 f 的地址为%p\n",&f);
    printf("int 型数组 a 的地址为%p\n",a);
}
```

程序运行结果如图 7-2 所示。

图 7-2 ［例 7-1］程序运行结果

利用存储空间的地址可以访问存储空间，从而获得存储空间的内容。地址就好像一个路标，指向存储空间，因此又把地址形象地称为指针。在 C 语言中，用指针数据类型来表示数据在内存中的地址。指针数据类型的变量即指针变量是存放其他数据类型如 int 型、数组等在内存中的地址的变量。如果指针变量 p 中存放了整型变量 a 的首地址，那么就可以通过变量 p 存取变量 a 了，这种存取变量 a 的方式就是间接访问方式。利用指针可以达到间接访问的目的。而通过变量的地址对变量进行存取的方式为直接访问。

二、 指针变量的基本操作

1. 指针变量的定义

C 语言中，存放地址的变量称为指针变量，简称为指针，指针变量的值只能是地址，其定义形式如下：

类型名 *指针变量名；

其中，"*"表示定义的是指针变量，"类型名"表示该指针变量所指向的变量的数据类型。指针变量定义时必须指定其所指向的变量的数据类型，而且使用过程中只能指向同一种类型的变量。

例如：

```
int *p1;
int *p2;
```

定义了两个指针变量 p1 和 p2，它们都是指向整型变量的指针变量。

2. 指针变量的赋值

指针变量同普通变量一样，使用之前不仅要定义说明，而且必须赋予具体的值。未经赋值的指针变量不能使用，否则可能导致不可预料的后果。要使指针变量指向某具体的变量，必须对其赋值。

（1）通过“&”运算符。例如：

```
int k=3，*p；
p=&k；
```

通过取地址运算符“&”，把变量 k 的地址赋给了 p，则 p 指向变量 k。

（2）通过指针变量获取地址值。通过赋值运算，可以把一个指针变量的地址值赋给另一个指针变量，从而使这两个指针变量指向同一个地址。例如：

```
int a=3，*p1，*p2,；
p1=&a；
p2=p1；
```

（3）给指针变量赋空值。除了给指针变量赋地址值外，还可以给指针变量赋 NULL 值。例如：

```
int *p；
p=NULL；
```

NULL 是 stdio. h 头文件中定义的预定义标识符，在使用 NULL 时，要出现该头文件。NULL 的值实际上是 0，当执行了该语句后，称 p 为空指针。

（4）定义时初始化。例如：

```
char a='B'，*p=&a；　　　//p 中存放的是变量 a 的地址
```

先定义字符型变量 a，再定义指针变量 p，并用变量 a 的地址 &a 来初始化 p，使 p 指向字符型变量 a。

3. 指针变量的引用

定义了指针变量后，就可以对指针变量进行各种操作，例如对指针变量赋予地址值、输出指针变量的值、将一个指针变量赋给另一个指针变量、通过指针变量间接访问它所指向的变量等。例如：

```
int a，*p1，*p2；// 定义了整型变量 a 和指向整型变量的指针 p1 和 p2
p1=&a；//p1 指向变量 a
printf("%p"，p1)；//输出 p1 所指向的变量的地址
p2=p1；//p1、p2 指向同一变量
*p1=3；//将 3 赋给 p1 所指向的变量
printf("%d\n"，*p1)；// 输出 p1 所指向的变量的值
```

上述语句中出现了“*”运算符，称为指针运算符，或指向运算符，或间接访问符，其使用格式如下：

*指针变量名

指针运算符为单目运算符，结合方向为右结合，其作用为求运算符后面的指针变量所指向的变量的值，即指针变量所指向的存储空间的内容，如 *p 表示 p 所指向的变量的值。

【例 7-2】 利用指针实现求 2 个整数的和。

```
#include<stdio.h>
void main()
{
   int x=7,y=9, *p;
   p=&x;
   *p=*p+y;
   printf("%d,%d\n",x,*p);
}
```

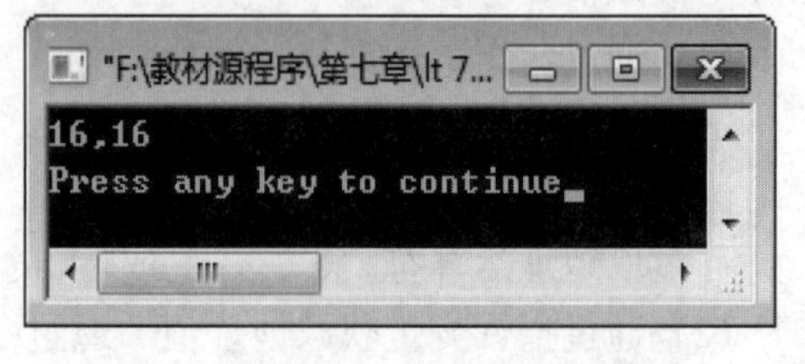

图 7-3 [例 7-2]程序运行结果

程序运行结果如图 7-3 所示。

【例 7-3】 使两个指针变量交换指向。

```
#include<stdio.h>
void main()
{
   int a1=11, a2=22;
   int *p1, *p2, *p;
   p1=&a1;
   p2=&a2;
   printf("%d,%d\n",*p1,*p2);
   p=p1;
   p1=p2;
   p2=p;
   printf("%d,%d\n",*p1,*p2);
}
```

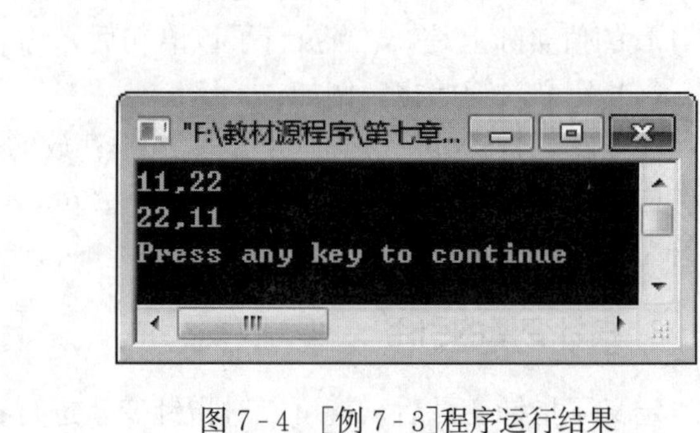

图 7-4 [例 7-3]程序运行结果

程序运行结果如图 7-4 所示。

第一个 printf 执行时，*p1 和 *p2 的值分别是 11 和 22；然后 p1 和 p2 通过临时变量 p 交换指向后，在第二个 printf 执行时，*p1 和 *p2 的值分别是 22 和 11。

[例 7-2] 和 [例 7-3] 指出了指针变量的引用方法：可以将某变量的地址赋给指针变量、将一个指针变量赋给另一个指针变量、通过指针变量间接访问它所指向的变量等。

拓展练习：指针的简单操作

输入 a、b、c 3 个整数，按从大到小顺序输出。

参考代码：

```
#include<stdio.h>
void swap(int* a,int* b)
{
   int t;
```

```
    t=*a;
    *a=*b;
    *b=t;
}
void main()
{
    int a,b,c,*p1,*p2,*p3;
    printf("请输入3个数,以逗号隔开:");
    scanf("%d,%d,%d",&a,&b,&c);
    p1=&a; p2=&b;p3=&c;
    if(a<b)swap(p1,p2);
    if(a<c)swap(p1,p3);
    if(b<c)swap(p2,p3);
    printf("从大到小的顺序为:");
    printf("%d,%d,%d\n",a,b,c);
}
```

程序运行结果如图 7-5 所示。

图 7-5 “指针的简单操作”程序运行结果

因为在 swap () 函数中交换的是指针所指向的值，所以在调用 swap () 函数后会导致二个数的交换。

案例二 计算一维数组元素之积

案例分析与实现

案例描述：

编程计算一维数组元素之积。

案例分析：

从键盘输入 N 个整数保存到一个一维数组里，使用指针计算这 N 个整数之积，并将结果打印输出。

案例实现代码：

```
#include<stdio.h>
#define N 5
void main()
{
    int a[N], mul=1;
    int *p, i;
    printf("请输入%d个整数:\n",N);
    for(i=0;i<N;i++)
```

```
    scanf("%d",&a[i]);
    p=a;
    for(i=0;i<N;i++)
    mul=mul*(*p++);
    printf("输入的%d 元素之积为:%d\n",N,
mul);
  }
```

图 7-6　案例二程序运行结果

程序运行结果如图 7-6 所示。

相关知识：指针与数组

在C语言中，指针与数组有着密切的关系，对数组元素，既可以采用数组下标来引用，也可以通过指向数组元素的指针来引用。

数组名表示数组在内存中的起始地址，也就是第0个元素的地址，即数组名是指向数组第0个元素的指针常量。例如，有数组定义如下：

int a [10];

那么数组名 a 就是 a [0] 的地址，而＊a 就表示数组的第0个元素 a [0]，由于数组元素在内存中是顺序存放的，因此下标表达式 a [i] 和指针表达式＊(a＋i) 都表示数组 a 的第 i 个元素，而地址表达式 &a [i] 和 a＋i 都表示数组 a 的第 i 个元素的地址。

一、定义指向数组元素的指针变量

定义一个指向数组元素的指针变量的方法，与前面介绍的指向变量的指针变量相同。指向数组元素的指针变量，其类型应与数组元素相同。例如：

```
int a[10],*p=a;
```

或者

```
int a[10],*p;
p=&a[0];
```

对指针变量 p 赋以数组元素的地址后，就可以通过 p 访问数组元素了。例如，＊p 就表示 p 所指向的数组元素，p＋i 指向从 p 当前指向的数组元素开始向下数第 i 个元素，＊(p＋i) 就表示这个元素。在C语言中，下标运算与指针运算是等价的，所以＊(p＋i) 与 p [i] 等价，p＋i 与 &p [i] 等价。

【例 7-4】 数组元素的访问。

```
#include<stdio.h>
void main()
{
   int a[5]={7,9,4,3,8};
   int* pa=a;
/* 用下标法访问各数组元素* /
```

```
    printf("%d  ",a[0]);
    printf("%d\n",a[2]);
/* 用数组名访问数组元素的地址* /
    printf("%d  ",*a);
    printf("%d\n",*(a+2));
/* 用指针变量访问各数组元素* /
    printf("%d  ",*pa);
    printf("%d\n",*(pa+ 2));
}
```

程序运行结果如图 7-7 所示。

图 7-7 [例 7-4]程序运行结果

二、 指针变量的运算

用指针法访问数组元素的优点体现在对指针变量进行自加或自减运算，使其指向数组的各个元素，这样就可以迅速地顺序访问数组的各个元素。

1. 指针的移动

如果 p 是一个指针变量，初始化后让它指向数组的某个元素，则可以对 p 进行如下运算来移动指针：

p＋n；p－n；p＋＋；p－－；

进行加法运算时，表示 p 向地址增大的方向移动；进行减法运算时，表示 p 向地址减小的方向移动。移动的具体长度取决于指针指向的数据类型。

【例 7-5】 指针的移动举例。

```
#include<stdio.h>
void main()
{
    int a[6]={1,2,3,4,5,6},*p=a;
    printf("数组的首地址是:%p\n",a);
    printf("数组的首元素是:%d\n",*a);
    printf("指向数组的指针移动后的指向地址是:%p\n",++p);
    printf("指向数组的指针移动后的指向的元素是%d\n",*p);
}
```

程序运行结果如图 7-8 所示。

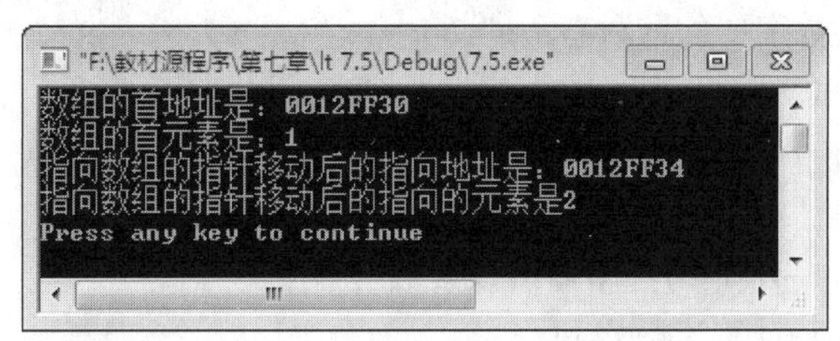

图 7-8 [例 7-5] 程序运行结果

2. 同类型指针变量间的运算

指向同一数组的两个指针变量之间可以运算，如两个指针变量相减，所得结果是两个指针之间的相对距离。两个指针变量间可以使用关系运算。

【例 7-6】 指向数组的指针之间的运算举例。

```
#include<stdio.h>
void main()
{
  int a[10]={1,2,3,4,5,6,7,8,9,10},*p1,*p2;
  p1=&a[1];
  p2=&a[4];
  printf("a[1]的地址是:%p\n",p1);
  printf("a[1]的值是:%d\n",*p1);
  printf("a[4]的地址是%p\n",p2);
  printf("a[4]与 a[1]的地址相隔%d\n",p2-p1);
}
```

程序运行结果如图 7-9 所示。

图 7-9 [例 7-6]程序运行结果

拓展练习：素数之和

从键盘任意输入 10 个整数并保存到一个一维数组里，首先找出该数组元素中的素数，然后求出素数之和并打印输出。

参考代码：

```
#include<stdio.h>
#define N 10
int isprime(int x);
void main()
{
  int i, a[N], *p, sum=0;
  p=a;
  printf("请输入%d 个整数:\n",N);
  for(i=0;i<N;i++)
  scanf("%d",&a[i]);
  printf("这%d 个数字中的素数有:\n",N);
  for(i=0;i<N;i++)
  if(isprime(*(p+i))==1)//调用 isprime 函数,若等于 1 则是素数
  {
    printf("%4d",* (p+i));//打印输出该素数
    sum+=*(a+i); //计算素数之和
```

```
    }
    printf("\ nsum=% d\ n",sum);
}
    int isprime(int x)
{
    int i;
    for(i=2;i<=x/2;i++)
    if(x% i==0)
    return (0); //判断数组元素是否为素数,若不是则返回 0
    return(1); //若是素数则返回 1
}
```

程序运行结果如图 7 - 10 所示。

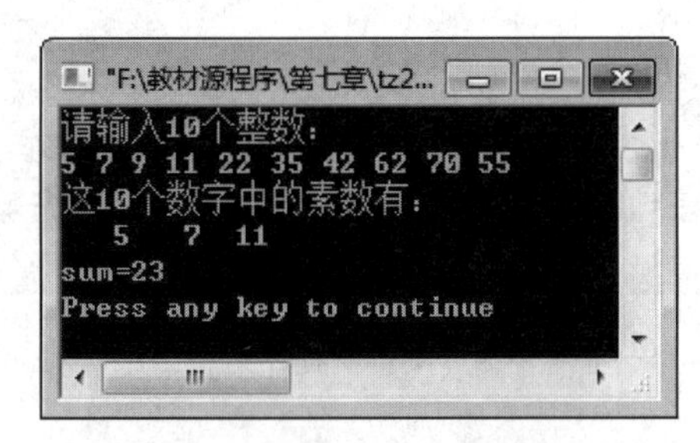

图 7 - 10 “素数之和”程序运行结果

案例三 大小写字母转换

案例分析与实现

案例描述:

输入一个字符串，将其中的大写字母转换为小写字母后打印输出。

案例分析:

通过定义一个函数 void StrToLower (char * str) 来实现大写字母转换为小写字母，其他字母或字符保持不变。然后利用 gets ( ) 函数从键盘上输入字符串，主函数调用StrToLower函数时，其参数采用指针变量。

案例实现代码:

```
#include<stdio. h>
void StrToLower(char * str)
{
    for(; * str! ='\ 0';str++)
    if(* str>='A' && * str<='Z')
    * str=* str+32;
```

```
}
void main()
{
   char a[100],*p=a;
   printf("请输入一个字符串:");
   gets(p);
   StrToLower(p);
   printf("该字符串中大写字母转换成小写字母后为:");
   puts(p);
}
```

程序运行结果如图 7-11 所示。

图 7-11　案例三程序运行结果

相关知识：指针与函数

函数的参数不仅可以是整型、实型、字符型等数据，还可以是指针类型。其作用是将一个地址值传递给被调函数中的形参指针变量，使形参指针变量指向实参指针变量指向的变量，即在函数调用时确定形参指针变量的指向。

第 5 章中介绍了数组名作函数的实参和形参的问题。在学习指针变量之后就更容易理解这个问题了。数组名就是数组的首地址，实参在函数调用时，是把数组首地址传送给形参，所以实参向形参传送数组名实际上就是传送数组的首地址。形参得到该地址后指向同一个数组，从而在函数调用后，实参数组的元素值可能会发生变化。这就好像同一件物品有两个不同的名称一样。同样，数组指针变量的值即为数组的首地址，当然也可以作为函数的参数使用。

【例 7-7】 通过指向变量的指针作为函数参数，实现两个整数由大到小排序。

```
#include<stdio. h>
void swap(int *p,int *q)
{
   int temp;
   temp=*p;
   *p=*q;
   *q=temp;
}
```

```
void main()
{
  inta,b,* p1=&a,* p2=&b;
  printf("请输入两个整数:");
  scanf("% d% d",&a,&b);
    if(a<b)
  swap (p1,p2);
  printf("排序结果为:% d,% d\ n",a,b);
}
```

图 7-12 [例 7-7]程序运行结果

程序运行结果如图 7-12 所示。

【例 7-8】 通过指向数组的指针作为函数参数，对一个数组实现由小到大排序。

```
# include<stdio. h>
void sort(int * data,int n)
{
  inti,j,t;
  for(i=0;i<n-1;i++)
  for(j=n-1;j>i;j--)
  if(data[j]<data[j-1])
  {t=data[j];data[j]=data[j-1];data[j-1]=t;}
}
void main()
{
  int a[5],* p=a,i;
  printf("请输入 5 个整数\ n");
  for(i=0;i<5;i++)
  scanf("% d",&a[i]);
  sort(p,5);
  for(i=0;i<5;i++)
  printf("% d,",a[i]);
  printf("\ n");
}
```

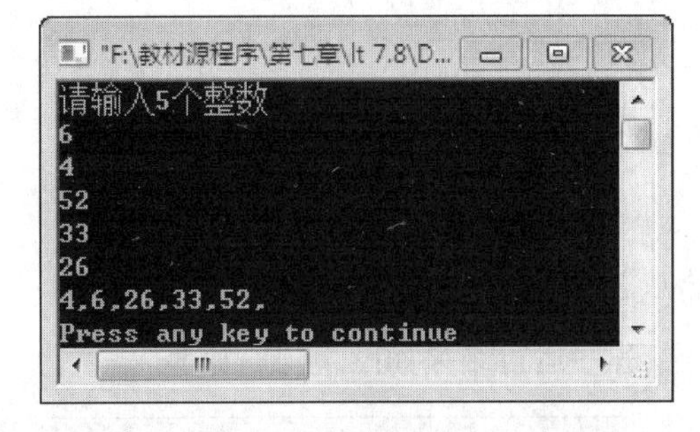

图 7-13 [例 7-8]程序运行结果

程序运行结果如图 7-13 所示。

拓展练习：素数判断

写一个判断素数的函数，在主函数中调用该函数，统计 100 以内的正整数中哪些是素数，并打印输出。

参考代码：

```
# include<stdio. h>
```

```
int prime(int * pa)
{
   int i, j, n=0;
   for(i=2;i< -=100;i++)
   {
     for(j=2;j<i;j++)
     {
       if(i% j==0)
       {
       break;
       }
     }
    if(i==j)
   {
       pa[n++]=i;
   }
  }
     return(n);
}
void main()
{
   int a[100], i, n;
   n= prime(a);
   printf("100以内的所有素数是:\n");
   for(i=0;i<n;i++)
   {
     printf("% d\t",a[i]);
   }
   printf("\n");
}
```

程序运行结果如图 7-14 所示。

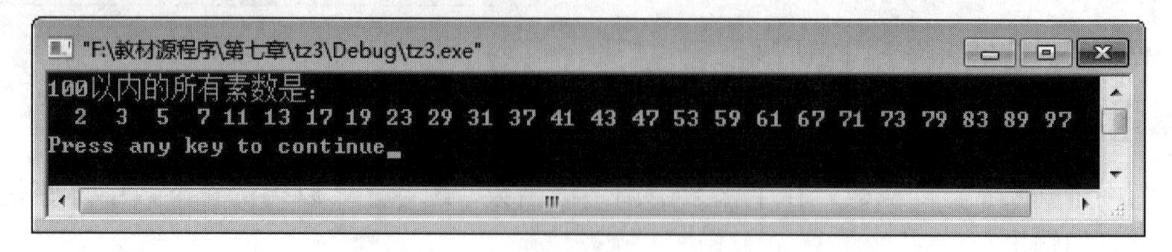

图 7-14 “素数判断”程序运行结果

案例四　字符串反序输出

案例分析与实现

案例描述：

从键盘输入一个字符串，然后反序输出刚才输入的字符串。

案例分析：

从键盘输入一个字符串并保存到一个一维字符数组中，将该字符串反序之后的结果保存在另一个一维字符数组里，然后将该数组打印输出。该案例需要定义一个指向字符数组的指针，通过指针变量的操作将字符串存入另一个字符数组中。

案例实现代码：

```
#include<stdio.h>
#define N 10
void main()
{
  char a[N], b[N];
  char *p, *q;
  int count=0;
  printf("请输入一个字符串:\n");
  gets(a);
  p=a;
  q=b;
  while(*p!='\0')
  {
    p++;
    count++;
  }
    p--;
    while(count--!=0)
    *q++=*p--;
    *q='\0';
    printf("反序之后的字符串为:\n");
    puts(b);
}
```

程序运行结果如图 7-15 所示。

图 7-15　案例四程序运行结果

相关知识：指针与字符串

C 语言对字符串常量是按字符数组处理的，它实际上在内存中开辟了一个字符数组，用来存放字符串。因此，通过指针访问数组的方法同样适用于访问字符串中的每个字符，但存放字符串的字符数组有其特殊性，即字符串以“\0”作为结束标志，如果字符数组中的某元素为“\0”，则说明字符串到此结束，其后的数组元素没有意义。这样，定义一个指向字符的指针变量来依次访问字符串的各字符时，不必考虑字符数组的长度，而是以所指向的数组元素是否为“\0”作为是否结束访问的标志。

1. 字符串的访问方法

在C语言中可以用两种方法访问一个字符串。

【例7-9】 通过字符数组访问字符串示例。

```
#include<stdio.h>
void main()
{
  char str1[30]= "Hello World!";
  char str2[30]= "I love China!";
  char str3[30]= "I love C programming!";
  printf("%s\n",str1);
  printf("%s\n",str1+5);
  printf("%s\n",str2);
  printf("%s\n",str2+5);
  printf("%s\n",str3);
  printf("%s\n",str3+5);
}
```

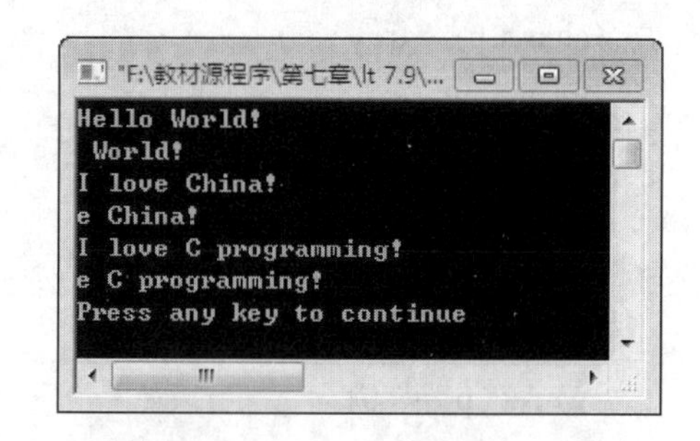

图7-16 [例7-9]程序运行结果

程序运行结果如图7-16所示。

上述程序中，str1是数组名，当中存放了一个字符串" Hello World!"，str1+5是第5个元素（从0开始计数）str1［5］的地址。将数组名str1和下标i结合起来可以访问任意一个元素。

【例7-10】 用字符指针访问字符串示例。

```
#include<stdio.h>
void main()
{
  char *p,*q;
  p="I love C programming!";
  q=p;
  printf("%s\n",p);
  printf("%s\n",p+5);
  while(*q)
  putchar(*q++);
  printf("\n");
```

}

程序运行结果如图 7-17 所示。

图 7-17　[例 7-10] 程序运行结果

在 [例 7-10] 中定义了字符指针变量 p 和 q，并将字符串" I love C programming!" 的首地址赋值给 p，从而使 p 指向字符串的第一个元素，再把 p 赋给 q 后，指针 p 和 q 都指向同一个字符串。

char * p="I love C programming!";

等效于：

char * p;

p="I love C programming!";

2. 字符指针变量与字符数组的区别

字符数组和字符指针变量都可以实现字符串的存储和运算，但两者是有区别的，不应混为一谈，使用中应注意以下几个问题：

(1) 字符数组由若干个元素组成，每个元素中存放一个字符，而字符指针变量中存放的是地址（字符串的首地址），绝不是将字符串放到字符指针变量中。

(2) 假设有字符指针变量 cp，字符数组 ca，两者的本质区别在于 cp 是指针变量，ca 为指针常量。因此，cp 的值可以改变，而 ca 始终指向本数组的第 0 个字符，可以对 cp 进行自加、自加、赋值等运算，而对 ca 却不可以，[例 7-9] 和 [例 7-10] 正说明了这点。

(3) 字符数组在编译阶段就已经获得内存单元，有固定地址，而定义一个字符指针变量时，给指针变量分配内存单元，在其中可以存放一个地址值，即该指针变量可以指向一个字符型数据，但如果未对它赋以一个地址值，则它并未具体指向哪一个字符型数据，所以指针变量在未取得确定地址前使用是危险的，容易引起错误。例如，可以对字符数组 ca [20] 用下列方式进行输入：

scanf("%s", ca);

而对未取得确定地址前的字符指针 cp 则不能直接用下列语句输入：

scanf("%s", cp);

必须先给 cp 开辟存储空间，然后才能输入：

char *cp, ca [20];

cp=ca;

scanf("%s", cp);

以上几点可以看出字符串指针变量与字符数组在使用时的区别，同时也可看出使用指针变量更加方便、高效。

【例 7-11】 分别统计字符串中大写字母、小写字母 a 的个数。

```
#include<stdio.h>
void main()
{
char str[100],*p;
int k[4]={0};
p=str;
printf("请输入一个字符串:");
gets(p);
for(;*p!='\0';p++)
{
   if(*p>='A' && *p<='Z')
   k[0]++;//统计大写字母的个数
   else if(*p=='a' )
   k[1]++;//统计小写字母 a 的个数
  }
printf("该字符串中大写字母的个数为%d\n 小写字母 a 的个数为%d\n",k[0],k[1]);
}
```

程序运行结果如图 7-18 所示。

图 7-18 ［例 7-11］程序运行结果

拓展练习：统计字符串中单词的个数

用指针方法统计字符串“hello world we are good people”中单词的个数，规定单词由小写字母组成，单词之间由空格分开，字符串开始和结尾处没有空格。

参考代码：

```
#include<stdio.h>
void main()
{
   char s[]="hello world we are good
   people", *p=s;
```

```
    int n=0;
    while(* p!='\0')
    {
        if(* p>='a'&&* p<='z'&&(* (p+1)==' '|| * (p+1)=='\0'))
        n++;
        p++;
    }
    printf("字符串 hello world we are good people 中单词的个数为:%d\n",n);
}
```

程序运行结果如图 7 - 19 所示。

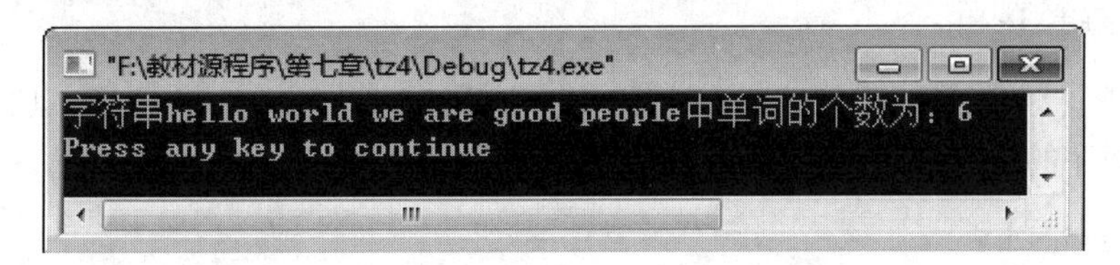

图 7 - 19　“统计字符串中单词的个数”程序运行结果

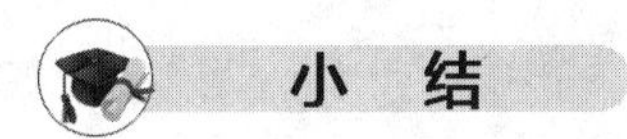

小　结

本章结合四个案例主要介绍了指针的概念、数组与指针、函数与指针、字符串与指针的相关知识。

作为 C 语言的重要组成部分，指针的内容相当丰富，指针可以指向各种数据类型，且其各种定义方式很接近，初学者应注意加以区分。指针和数组关系密切，数组名本身就是指向数组首元素的指针常量，而且指针运算和下标运算是等价的。处理数组时，指针变量具有以下优点：

（1）在处理字符串时，利用指针变量可产生短小精悍、灵活高效的程序。例如，只需对指向字符串的指针赋以字符串常量就可以使其指向新的字符串；而如果利用字符数组存放字符串，要改变字符串内容就必须对字符数组各元素依次赋值，或者调用 strcpy 函数。

（2）在函数间传递数组时，即使将函数形参说明为数组，它仍然是一个指针变量。参数传递实际上是将数组的首地址赋值给这个指针变量。

习　题

一、判断题

1. 变量的指针，其含义是指该变量的地址。(　　)
2. 不可以对指针变量进行赋值运算。(　　)
3. 不可以对数组名进行自加和自减运算。(　　)
4. 指针运算和下标运算是等价的。(　　)

5. 指针中存放的是其所指向的变量的地址。（　　）
6. 指针是C语言的一种重要数据类型。（　　）
7. 数组名实质上是一个指针常量。（　　）
8. 函数的形参和实参都不可以使用指针数据类型。（　　）
9. 指针变量可以指向字符数组，也可以指向整型变量。（　　）
10. 在处理字符串时，利用指针变量可产生短小精悍、灵活高效的程序。（　　）

二、选择题

1. 选择出i的正确结果________。

```
int i;
char * s="a\ 045+ 045\ b";
for ( i=0; s++ ; i++);
```

A. 5　　B. 8　　C. 11　　D. 12

2. 如下程序的执行结果是________。

```
#include<stdio. h>
void main()
{
   int i;
   char * s=" a\ \ \ \ \ n "
   for( i=0; s[i]!='\ 0';i++)
   printf("% c", * (s+i));
}
```

A. a　　B. a \　　C. a \\　　D. a \\\

3. 如下程序的执行结果是________。

```
#include<stdio. h>
void main()
{
   static int a[ ]={1,2,3,4,5,6};
   int * p; p=a;
   * (p+3)+=2;
   printf("% d,% d\ n", * p, * (p+3));
}
```

A. 1，3　　B. 1，6　　C. 3，6　　D. 1，4

4. 如下程序的执行结果是__________。

```
# include <stdio. h>
void main()
{
   static int a[ ][4]={1,3,5,7,9,11,13,15,17,19,21,23};
```

```
    int  (* p)[4], i=1,j=2;
    p=a;
    printf("% d \n", * (* (p+i)+j));
}
```

A. 9　　B. 11　　C. 13　　D. 17

5. 若有以下定义，则对 a 数组元素的正确引用是________。

int a [5]，* p=a；

A. * &a [5]　　B. a+2　　C. * (p+5)　　D. * (a+2)

6. 若有以下定义，则对 a 数组元素地址的正确引用是________。

int a [5]， * p=a；

A. p+5　　B. * a+1　　C. &a+1　　D. &a [0]

7. 若有语句：

char s1 [ ] ="string"，s2 [8]， * s3， * s4="string2"；

则对库函数 strcpy 的错误调用是________。

A. strcpy (s1," string2")；　　B. strcpy (s4，" string1")；

C. strcpy (s3," string1")；　　D. strcpy (s1，s2)；

8. 若有定义：int a [5]；则 a 数组中首元素的地址可以表示为________。

A. &a　　B. a+1　　C. a　　D. &a [1]

9. 若有语句 int *point，a=4；和 point=&a；下面均代表地址的一组选项是________。

A. a，point， * &a　　B. & * a，&a， * point

C. * &point， * point，&a　　D. &a，& * point，point

10. 若有说明：int * p，m=5，n；以下正确的程序段是________。

A. p=&n；scanf("%d"，&p)；　　B. p=&n；scanf("%d"， * p)；

C. scanf("%d"，&n)； * p=n；　　D. p=&n； * p=m；

三、编程题

1. 编写一个程序计算一个字符串的长度。

2. 编写一个程序，用 12 个月份的英文名称初始化一个字符指针数组，当键盘输入整数为 1 到 12 时，显示相应的月份名，键入其他整数时显示错误信息。

3. 编一程序，将字符串 computer 赋给一个字符数组，然后从第一个字母开始间隔地输出该串。请用指针完成。

4. 编一程序，将字符串中的第 m 个字符开始的全部字符复制成另一个字符串。要求在主函数中输入字符串及 m 的值并输出复制结果，在被调函数中完成复制。

5. 编一程序，首先将一个包含 10 个数的数组按照升序排列，然后将从一指定位置 m 开始的 n 个数按照逆序重新排列，并将新生成的相互组输出。要求使用指针控制方法实现上述功能。

第八章　结构体与共同体

内容概述

C语言提供了编译预处理功能，用来在编译前对源程序进行一些预加工，然后将预处理的结果和源程序一起再进行通常的编译处理，以得到目标代码。本章首先介绍几个主要的编译预处理功能：宏定义、文件包含和条件编译。

前面的章节已经介绍了基本数据类型和数组类型，这为程序设计带来了很大的方便，但是基本数据类型只能处理单个数据，数组虽能处理数据的集合，但要求数据必须是同一类型的，而在实际应用中，经常遇到一些关系密切但数据类型不相同的数据，如一个学生的信息包括学号、姓名、性别、出生年月日、家庭地址等项，这些项都与某一学生相联系，如果将这些数据组织在一起，处理起来则会更加方便直观，为此C语言中引入了结构体和共同体这种构造数据类型来解决上述问题。

知识目标

掌握宏定义预处理命令的作用和使用；
掌握文件包含的概念和使用；
了解条件编译的作用和形式；
掌握结构体定义、结构体变量和结构体数组的应用；
掌握共同体定义、共同体变量的应用；
掌握枚举类型定义、枚举变量的应用。

能力目标

能使用预处理命令及其优化程序的方法；
能定义并使用结构体、共同体类型及变量；
能够排查预处理程序设计中常见的错误；
能调试C语言程序设计中使用结构体、共同体时常见的编译错误。

案例一　客户信息登记

案例分析与实现

案例描述：

某社区健身中心，欲登记一名客户的姓名、年龄、身高和体重等信息，并输出相关信息，编程实现。

案例分析：

本案例中登记的客户信息包括姓名、年龄、身高和体重等，对客户的基本信息进行处理时，它们属于同一个处理对象，但是具有不同的数据类型，编程时需要定义结构体数据类型，包括四个成员。

案例实现代码：

```
#include <stdio.h>
struct Customer
{
  char name[20];
  int age;
  float height;
  int weight;
};        //结构体类型定义结束
void main()
{
  struct Customer c;
  printf("请输入客户姓名、年龄、身高和体重四项信息:");
  scanf("%s %d %f %d",&c.name, &c.age, &c. height, &c. weight);
  printf("输出客户信息为:\n");
  printf("客户姓名:%s \n 客户年龄:%d \n 客户身高:%.1f cm\n 客户体重:%d kg\n",
c.name, c.age, c. height, c. weight);
}
```

程序运行结果如图 8-1 所示。

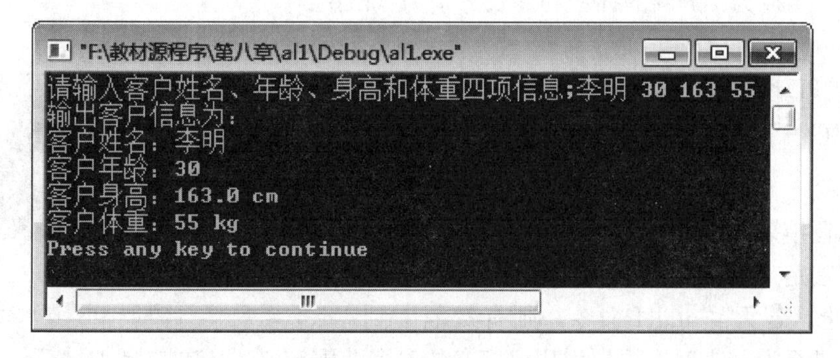

图 8-1 案例一运行结果

本案例采用结构体 Customer 定义变量 c，使用 scanf 读入客户信息到变量 c 中，并使用 printf 输出存放在变量 c 中的客户信息到屏幕，完成对变量 c 各成员的访问。

相关知识：编译预处理、结构体

一、编译预处理

（一）宏定义

在C语言源程序中允许用一个标识符来表示一个字符串，称为宏。被定义为宏的标识符称为宏名，在编译预处理时，对程序中所有出现的宏名，都用宏定义中的字符串去代换，这称为宏替换。

宏定义是由源程序中的宏定义命令完成的，宏替换是由预处理程序自动完成的。在C语言中，宏分为有参数和无参数两种。

1. 无参数的宏定义

格式：＃define 标识符 字符串

其中，＃define为预编译符，标识符为“宏名”，通常使用大写英文字符和有直观意义的标识符命名，以区别于源程序中的其他标识符；字符串构成“宏体”，由ASCII字符集中的字符组成。

功能：指定标识符代替一个较复杂的字符串。

【例8-1】 求圆的周长和面积。

```
#define PI 3.14
#define r 2
void main()
{
  float l,s;
  printf("半径为2的圆的面积和周长分别为:\n");
  s=PI* r* r;
  l=2.0* PI* r;
  printf("s=%.2f\nl=%.2f\n",s,l);
}
```

程序运行结果如图8-2所示。

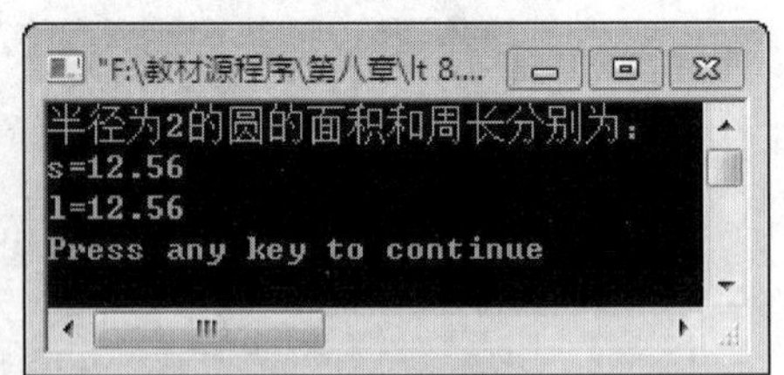

图8-2 [例8-1]程序运行结果

注意：宏定义的有效范围为定义之处到＃undef命令终止。若无＃undef命令，则有效范围到本文结束。进行宏定义时，可以引用已定义的宏名。宏定义无需在末尾加“;”。

2. 带参数的宏定义

格式：＃define 标识符（形式参数表）字符串

其中，形式参数称为宏名的形式参数，简称形参。构成宏体的字符串中应该包含所指的形式参数。

功能：宏替换时以实参数替代形参数。

【例 8-2】 输入圆的半径，求圆的周长和面积。

```
#define PI 3.14
#define  S(r)  PI*r*r
#define  l(r)  2*PI*r
void main()
{
   float r1,area,l;
   printf("请输入圆的半径:");
   scanf("%f",&r1);
   area=S(r1);
   l=l(r1);
   printf("半径=%.2f,area=%.2f,l=%.2f\n",
r1,area,l);
}
```

图 8-3 [例 8-2]程序运行结果

程序运行结果如图 8-3 所示。

虽然，带参数的宏在形式上与函数很相似，调用时也进行实参与形参的结合，但是宏本质上与函数是不同的，主要有以下几点：

（1）宏替换时要用宏体去替换宏名，程序中多处使用宏替换产生的程序代码长度比使用函数时的长，这是宏的缺点。宏替换通常适用于简短的表达式。

（2）宏替换不占运行时间，只占编译时间，而函数调用则占用运行时间。

（3）函数调用是在程序运行时处理的，而宏替换则是在编译时进行的。

（4）宏替换不存在函数中参数类型和返回值类型的限制，即宏名及其参数无类型。

（二）文件包含

在前面已经多次使用过文件包含命令来包含库函数的头文件，例如 #include "stdio.h"等。

文件包含是指一个源文件将另一个指定的源文件的全部内容包含进来。文件包含命令中的文件名可以用双引号括起来，也可以用尖括号括起来。如下：

#include "文件名" 或者

#include<文件名>

但是这两种形式是有区别的：使用尖括号表示在包含文件目录中去查找，而不在源文件目录中去查找；使用双引号则表示首先在当前的源文件目录中查找，若未找到才到包含目录中去查找。

文件包含命令的功能是把指定的文件插入该命令行位置取代该命令行，从而把指定的文件和当前的源文件连成一个源文件。在程序设计中，文件包含是很有用的，一个大的程序可以分为多个模块，由多个程序员分别编程。有些公用的符号常量或宏定义等可单独组成一个文件，在其他文件的开头用包含命令包含该文件即可使用。这样，可避免在每个文件开头都去书写那些公用量，从而节省时间，并减少出错。

一个 include 命令只能指定一个被包含文件，若有多个文件要包含，则需要多个 include 命令。文件包含允许嵌套，即在一个被包含的文件中又可以包含另一个文件。

（三）条件编译

条件编译是指编译系统根据一定条件，对源程序进行有选择的编译，从而产生不同的目标代码文件，为程序的调试和移植提供有力的保障。预处理命令中提供了 3 种条件编译命令。

1. 第一种形式

```
#if 常量表达式
程序段 1
#else
程序段 2
#endif
```

该语句的功能是，当常量表达式的值为真时，对程序段 1 进行编译；否则，对程序段 2 进行编译，其中#else 部分是可以选择的，它也可以没有。

【例 8-3】 根据常量表达式的值，选择求圆或者正方形的面积。

```
#define R 3
void main()
{
   float c,s,a;
   printf("请输入一个数:");
   scanf("%f",&a);
   #if(R==4)
   c=3.14*a*a;
   printf("半径为%.2f的圆的面积为:%.2f\n",a,c);
   #else
   s=a*a;
   printf("边长为%.2f的正方形的面积为:%.2f
\n",a,s);
   #endif
}
```

图 8-4　[例 8-3]程序运行结果

程序运行结果如图 8-4 所示。

2. 第二种形式

```
#ifdef 宏名
   程序段 1
```

#else
程序段 2
#endif

该语句的功能是当宏名已经定义过，则编译程序段 1，否则编译程序段 2。同样，#else 部分是可以选择的，它也可以没有。

【例 8-4】 使用宏定义的标识符作为条件编译。

```
#include"stdio.h"
#define DEBUG
void main()
{
  char x='a',y='b';
  #ifdef DEBUG
  printf("小写字符为%c 和%c\n",x,y);
  #else
  printf("大写字符为%c 和%c\n",x-32,y-
32);
  #endif
}
```

图 8-5 [例 8-4]程序运行结果

程序运行结果如图 8-5 所示。

如果将宏定义 #define DEBUG 去掉，运行结果为“大写字符为 A 和 B”，不再输出“小写字符为 a 和 b”的运行结果。

3. 第三种形式

#ifndef 宏名
  程序段 1
#else
  程序段 2
#endif

该语句的功能与第二种形式相反，如果宏名没有定义过，则编译程序段 1；否则编译程序段 2。同样，#else 部分是可以选择的，它也可以没有。

二、结构体

在数据的处理过程中，有时需要描述一个对象多方面的属性。例如，描述人的基本情况，可能需要用到人的姓名、年龄、性别等属性，这些属性的数据类型应该能有所不同，姓名是字符型数据类型，年龄是整型，性别是字符类型，这些不同数据的数据类型都属于同一个对象。而结构体的特点是内部成员的数据类型可以不同，正好用来描述这种对象。

1. 结构体类型的定义

结构体是一种重要的数据类型，在实际问题中，由于结构体所包含的数据项各不相同，因此，C 语言只提供了定义结构体的一般方法，每个结构体所包含的具体项，则由用户根据具体问题自己定义。

结构体类型的定义格式如下：

```
struct　结构体名
{
    数据类型标识符 1　结构体成员名 1;
    数据类型标识符 2　结构体成员名 2;
        …
    数据类型标识符 n　结构体成员名 n;
};
```

其中，struct 是定义结构体类型的关键字，其后是结构体名，这两者合称为结构体类型标识符。结构体名的命名方法与一般变量名命名方法相同。结构体成员的数据类型可以是 C 语言允许的所有变量类型。每个成员名后面有“;”，每个结构体成员列表中如果成员多于一个，每两个成员之间用逗号分隔。在花括号之后是结构体定义结束符“;”，该符号不能遗漏。

依据该定义格式，创建上面描述人这个对象的结构体类型可以是：

```
struct person
{
  char name[20];
  int age;
  char sex;
};
```

其中，person 是结构体名，它紧跟在关键字 struct 之后，通过一对花括号将内部成员括起来，内部成员之间用分号间隔。其中，变量成员 name、age、sex 的数据类型不同。

程序中，在定义一个结构体类型之后，其地位和作用就跟基本数据类型一样，可运用它来说明结构体类型的变量，只是结构体类型是用户根据需要自己定义的，而基本数据类型是系统提供的。

2. 结构体变量的定义及初始化

结构体类型标识符定义好以后，该标识符的使用就如同其他类型标识符 int、float 等一样，就可以用来定义相应的结构体类型变量了。结构体类型标识符是由 struct 和结构体名两者结合起来组成的，在定义结构体类型变量的时候，关键字 struct 不能省略。定义结构体变量的一般形式如下：

struct 结构体名 结构体变量名列表；

其中，结构体变量名的命名方法与一般变量名的命名方法相同，如果结构体变量名列表中的变量多于一个，各个变量之间用“,”分隔。

例如，上面定义了结构体类型 struct person 后，可以使用语句“struct person p1，p2;”定义两个结构体变量 p1 和 p2。

结构体变量还可以用以下方法进行定义：

(1) 直接定义结构体变量，其一般形式如下：

```
struct
{
    数据类型标识符 1   结构体成员名 1；
    数据类型标识符 2   结构体成员名 2；
        …
    数据类型标识符 n   结构体成员名 n；
} 变量名列表；
```

(2) 在定义结构体类型标识符的同时定义变量，其一般形式如下：

```
struct 结构体名
{
    数据类型标识符 1   结构体成员名 1；
    数据类型标识符 2   结构体成员名 2；
        …
    数据类型标识符 n   结构体成员名 n；
} 变量名列表；
```

注意：结构体类型和结构体变量是不同的概念，结构体变量可以用来进行运算、赋值，但结构体类型不能进行运算，也不能对其进行赋值；结构体中的成员可以单独使用，成员的作用相当于普通变量；结构体中的成员本身也可以是一个结构体变量；由于结构体类型是用户根据需要自己定义的，所以结构体类型可以有多种，这是与基本类型不同的。

在对结构体类型变量初始化时，可采取直接赋值的方式，例如：

```
struct person p1={"zhang san",20,'m'};
```

或者

```
struct person
{
  char name[20];
  int age;
  char sex;
}p2={"mary",21, 'f'};
```

注意：初始化时，值的类型要与结构体的成员变量类型对应一致。

3. 结构体成员的引用

结构体变量定义完毕后，就可以使用该变量了。由于结构体变量是由众多的成员组合而成，因此使用时应该注意，只有在对结构体变量赋值等特殊情况下可以直接对一个结构体变量整体操作，其他情况下只能对结构体变量的各个成员分别引用。其引用形式如下：

结构体变量名．成员名

成员名或称结构体变量的成员，它也是一个变量，称为成员变量，具有自己的数据类型，因此，成员变量的使用，就和前几章介绍的同类型变量的使用完全一样。

其中，“.”称为成员运算符，它在所有的运算符中优先级最高。

【例 8 - 5】 使用结构体变量的赋值及成员引用实现学生信息的输入输出。

```
#include"stdio.h"
void main()
{
  struct stu
      {
      char name[8];
      int grade;
      int number;
      char sex;
      int dorm ;
      };
  struct stu st1={"李明",2019,20193625,'F',204};
  struct stu st2={"张然",2018,20183125,'M',305};
  printf("st1: %s,%d,%d,%c,%d\n", st1.name, st1.grade, st1.number, st1.sex,st1.dorm);
  printf("st2: %s,%d,%d,%c,%d\n", st2.name, st2.grade, st2.number, st2.sex,st2.dorm);
}
```

程序运行结果如图 8 - 6 所示。

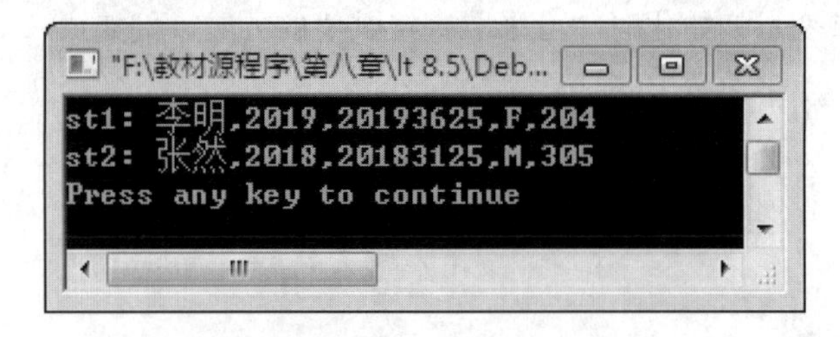

图 8 - 6 ［例 8 - 5］程序运行结果

拓展练习：学生期末总评成绩计算

利用结构体类型编制一程序，实现输入一个学生的某门课程过程考核成绩和期末成绩，然后计算并输出总评成绩，总评成绩＝过程考核成绩＊0.5＋期末成绩＊0.5。

参考代码：

```
#include "stdio.h"
struct student
{
  char name[10];
  int score1,score2;
```

```
    float zcj;
    };
    void main()
    {
    struct student stu1;
    int i;
    printf("请输入学生的姓名、过程考核成绩、期末成绩\n");
    scanf("%s%d%d",stu1.name,&stu1.score1,&stu1.score2);
    stu1.zcj = stu1.score1 * 0.5 + stu1.score2
* 0.5;
    printf("该学生的成绩为\n");
    printf("%s\t%d\t%d\t%.1f\n",stu1.name,
    stu1.score1,stu1.score2,stu1.zcj);
  }
```

程序运行结果如图 8-7 所示。

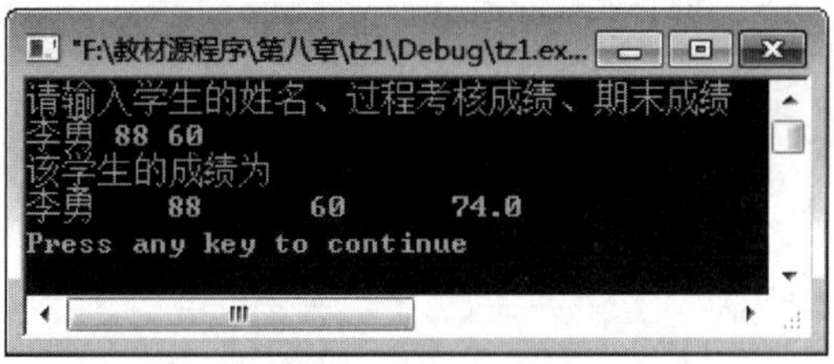

图 8-7 “学生期末总评成绩计算”程序运行结果

案例二 选 票 统 计

案例分析与实现

案例描述：

对候选人得票进行统计，假设有 3 个候选人，有 10 个选民，每个选民输入一个候选人的编号，统计各候选人的得票数并输出结果。

案例分析：

程序定义一个全局的结构体数组，该数组有 3 个元素，每一个元素包含 3 个成员 num（候选人编号）、name（候选人姓名）、count（候选人得票数）。在定义的同时进行初始化，并使各位候选人的票数归零。在主函数中进行候选人的选票数统计。

案例实现代码：

```
#include<stdio.h>
typedef struct candidate    //声明候选人结构体类型
{
  int num;                  //候选人编号
  char name[20];            //候选人姓名
  int count;                //候选人得票数
}CAND;
void main()
{
int i, j, n;
```

```
    CAND candidates[3] = {{1, "LiYan", 0},
    {2, "ZhangXia", 0}, {3, "WangKai", 0}};
    for (i=0; i<10; i++)
      {
      printf("请输入候选人编号: ");
      scanf("%d", &n);
      for (j=0; j<3; j++)
      {
      if (n==candidates[j].num)
          {
          (candidates[j].count)++;
          }
      }
      }
    printf("\n选票结果为: \n");
    for (i=0; i<3; i++)
    {
    printf("%s: %d\n", candidates[i].name,candidates[i].count);
    }
}
```

程序运行结果如图 8-8 所示。

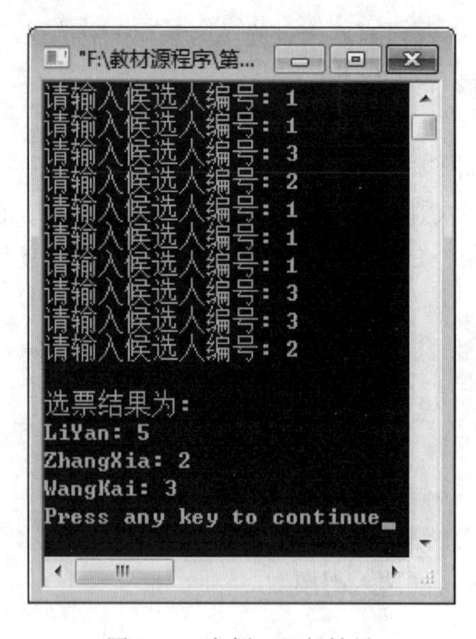

图 8-8 案例二运行结果

一个结构体变量只能存放一个对象（如一个候选人）的相关数据，如果要存放几十甚至上百个对象的数据，就要定义多个结构体变量，这样是非常不方便的，而C语言允许使用结构体数组，数组中的每一个元素都是结构体变量。

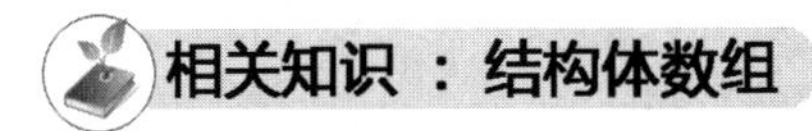

结构体类型标识符一经定义，就如同其他类型标识符 int、float 等一样的使用，利用结构体类型标识符可以定义一些简单变量，当然也可以定义一个结构体类型的数组，称为结构体数组。

一、 结构体数组的定义

定义结构体数组的方法与定义结构体变量的方法相似，只是要用一个方括号运算符说明它是数组及元素个数，结构体数组的定义有以下方式：

（1）先定义结构体类型再定义结构体数组。

```
struct name
{
int num;
float score;
};
struct name name1[10];
```

（2）定义结构体类型的同时定义数组。

```
struct name
{
int num;
float score;
}name1[10];
```

（3）直接定义结构体数组。

```
struct
{
int num;
float score;
}name1[10];
```

这三种方法定义的效果相同，同样是定义了一个结构体数组 name1，这个数组有 10 个元素，每一个元素都是 name 类型的。

二、 结构体数组的初始化

对结构体数组的初始化就是为数组中的各个元素赋初值，可以在定义结构体数组的同时为其赋初值，其一般形式如下：

```
struct 结构体名
{
```

数据类型标识符 1　结构体成员名 1；
数据类型标识符 2　结构体成员名 2；
…
数据类型标识符 n　结构体成员名 n；
} 结构体数组＝｛{数组元素 1 的各个初值}，{数组元素 2 的各个初值}，…}；

注意：

（1）定义数组的同时为数组初始化时，数组元素的个数可以不指定，系统会根据初值的个数来确定数组元素的个数。

（2）数组中各个数组元素的初值需要用 {} 括起来，同一数组元素的各个成员变量的初值之间用逗号分隔。例如：

```
struct student
{
  int number;
  char name[8];
  char sex;
  int age;
  float c_program;
  }st1[2]={{35013101,"王 迪",'F',20,90}, {35013112,"杨 光",'M',19,80}};
或者:struct student
  {
    int number;
    char name[8];
    char sex;
    int age;
    float c_program;
  }
  struct student st(2)={{35013101,"王 迪",'F',20,90},{35013112,"杨 光",'M',19,80}};
```

三、 结构体数组的引用

结构体数组定义之后，要引用某一元素中的成员，可采用以下形式：

数组名［下标号］. 成员名

如上面的 st1［1］. number，表示结构体数组 st1 中的第二个元素中的成员 number，它的值是 35013112。实际上，结构体数组元素的使用和结构体变量的使用一样，最终都是对成员变量进行访问。

【例 8 - 6】 一个班 40 个同学参加了数学、语文、英语考试，现要将这个班的 40 个同学的相关信息（包括学号、姓名、三门课的成绩）从键盘上输入，然后输出这 40 个同学的原始成绩单，为了程序运行方便，所以假设只有 5 个同学。

```
#include "stdio. h"
```

```
#define N 5
struct stu
{
  char id[6];
  char name[10];
  int m1,m2,m3;
};
void main()
{
  struct stu student[N];
  int i;
  for (i=0;i<N;i++)
{
  printf("请输入第%d 个同学的记录:",i+1);
  scanf("%s%s%d%d%d",&student[i].id,&student[i].name,&student[i].m1,&student
  [i].m2,&student[i].m3);}
  printf("他们的成绩单为:\n");
  for(i=0;i<N;i++)
  printf("%s\t%s\t%d,%d,%d\n",student[i].id,student[i].name,student[i].m1,
  student [i].m2,student[i].m3);
}
```

程序运行结果如图 8-9 所示。

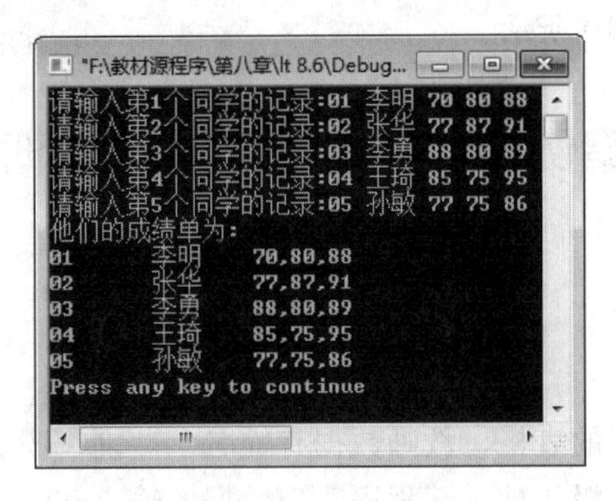

图 8-9 [例 8-6] 程序运行结果

拓展练习：计算学生的平均成绩并统计不及格的人数

编程实现，计算学生的平均成绩并统计出不及格的人数。

参考代码：

```
#include "stdio.h"
struct stu
```

```
{
    long int num;
    char name[20];
    char sex;
    float score;
}student[3]={{200001,"Li li",'M',99},{200002,"Wang hai",'M',85},
{200003,"Liu ying",'F',50}};
void main()
{
    int i,n;
    float average,sum;
    n=0;
    sum=0;
    for(i=0;i<3;i++)
    {
    sum+=student[i].score;
    if(student[i].score<60)n+=1;
}
printf("sum=%f\n",sum);
average=sum/3;
printf("average=%f\ncount=%d\n",average,n);
}
```

程序运行结果如图 8 - 10 所示。

图 8 - 10 “计算学生的平均成绩并统计不及格的人数”程序运行结果

案例三 学校人员的数据管理

案例分析与实现

案例描述：

有一个教师与学生通用的表格，教师数据有姓名、性别、职业、教研室 4 项；学生的数据有姓名、性别、职业、班级 4 项。编程序实现数据的输入和输出。

案例分析：

教师的教研室可采用字符串表示，而学生的班级可以用整型的班级号来表示，它们的类型不同，但要共用表格的一列，所以该表格的第 4 项应采用共用体类型。

案例实现代码：

```
#include<stdio.h>
#define N 3
void main()
```

```
{
  struct
  {
  char name[10];
  char sex;
  char job;
   union
     {
     int clas;
     char office[10];
     } depa;
   } person[N];
int i;
for(i=0;i<N;i++)
{
  printf("\n 请输入第%d 个人的
  信息:",i+1);
  printf("\n 姓名:");
  gets(person[i]. name);
  printf("\n 性别(m/f):");
  person[i]. sex=getchar();
  getchar();
   printf("\n 请输入职业(s 代表学生,t 代表教师):");
   person[i]. job=getchar();
   if(person[i]. job=='s')
   {
   printf("\nclass:");
   scanf("%d",&person[i]. depa. clas);
   }
          else
          {
                 printf("\noffice:");
                 scanf("%s",&person[i]. depa. office);
          }
        getchar();
     }
  for(i=0;i<N;i++)
     {
          if(person[i]. job=='s')
```

```
            printf("%-10s%-3c%-3c%-10d\n",person[i].name,
             person[i].sex,person[i].job,person[i].depa.clas);
        else
            printf("%-10s%-3c%-3c%-10s\n",person[i].name,
            person[i].sex,person[i].job,person[i].depa.office);
    }
}
```

程序运行结果如图 8-11 所示。

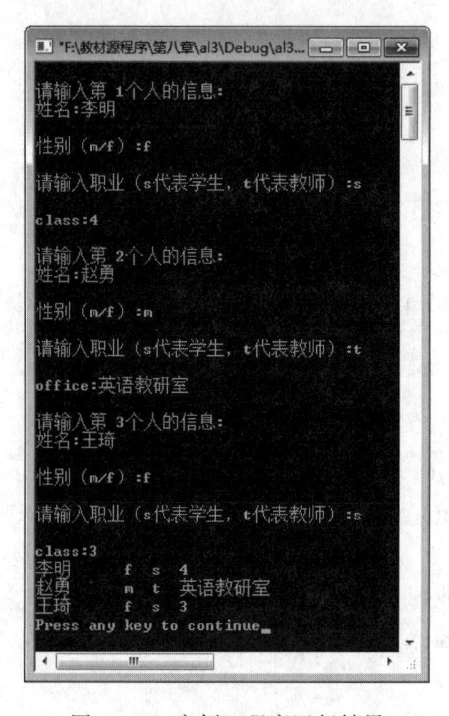

图 8-11 案例三程序运行结果

相关知识：共用体

程序中的变量在程序运行过程中，都是存放在内存中，变量越多，占内存越大，许多程序中，都要用很多临时变量，为了节省内存空间，往往采用覆盖技术，使几个不同的变量共同占用同一段内存空间，C 语言提供了这样一种数据类型——共用体。共用体类型是若干个不同类型的变量共用一段内存单元的结构类型。

一、 共用体类型的定义

共用体类型定义的一般形式如下：

```
union  共用体名
{
    数据类型标识符 1  共用体成员名 1;
```

```
    数据类型标识符 2   共用体成员名 2;
        …
    数据类型标识符 n   共用体成员名 n;
};
```

其中，union 是定义共用体类型的关键字，共用体名的命名规则与标识符的命名规则相同，数据类型、成员列表与定义结构体时的选项相同。

例如，下面的语句定义了由三个成员 a、b、c 组成的共用体，这三个成员的数据类型分别是 int 型、float 型和 char 型。

```
union un
{
  int a;
  float b;
  char c;
};
```

二、 共用体变量的定义

共用体类型变量的定义同结构体类型变量的定义形式相似，可以先定义一个共用体类型标识符，然后再用该标识符定义共用体变量，也可以直接定义共用体变量。

(1) 定义共用体类型时定义共用体变量。

一般形式如下：

```
union   共用体名
{
    数据类型标识符 1   共用体成员名 1;
    数据类型标识符 2   共用体成员名 2;
        …
    数据类型标识符 n   共用体成员名 n;
} 变量名列表;
```

例如：

```
union un
{
  int a;
  float b;
  char c;
}u1,u2,u3;
```

(2) 先定义共用体，再定义共用体变量。

一般形式如下：

```
union   共用体名
{
```

```
    数据类型标识符1  共用体成员名1;
    数据类型标识符2  共用体成员名2;
        …
    数据类型标识符n  共用体成员名n;
};
union 共用体名 变量名列表;
```

例如：

```
union un
{
    int a;
    float b;
    char c;
};
union un u1,u2,u3;
```

三、 共用体变量的引用

引用共用体成员的方法与引用结构体成员的方法相似，其一般格式如下：

共用体变量名 . 共用体成员名

如上面定义了共用体变量 u1 后，可以使用 u1. a、u1. b、u1. c 引用共用体成员，但不能直接引用共用体变量 u1。

由于共用体变量各成员共用一段内存，在使用共用体变量时要特别注意以下几点：

(1) 分配内存时，共用体变量所占内存的实际长度等于各成员中所占内存最长的成员的长度。

例如：

```
union udata
{
    char ch;
    int p;
    float q;
} a;
```

共用体各成员分别占 1 个字节、4 个字节、4 个字节，所以共用体变量 a 占用 4 个字节的内存空间。

而：

```
struct sdata
{
    char ch;
    int p;
```

```
    float q;
} b;
```

结构体各成员分别占 1 个字节、4 个字节、4 个字节，所以结构体变量 b 最少占用 1+4+4=9 个字节的内存空间，根据变量存储时地址对齐要求，结构体变量 b 最终占用 12 个字节的内存单元。

（2）由于同一个共用体变量中的各个成员占用同一内存，程序运行时，某一时刻只有一个成员起作用，即最后一个存放的成员的值有效，其他成员将失去原有值。例如，顺序执行以下赋值语句：

```
a.ch=',';
a.p=4;
a.q=3.14;
```

则在其后的程序中，成员 a.ch 和 a.p 已无意义，只有成员 a.q 有效，且它的值为 3.14。

（3）共用体作为一种数据类型，可以在定义其他数据类型中使用。例如，可以将结构体变量的某一成员定义为共用体类型，也可以定义一个共用体数组。

【例 8-7】 共用体与结构体的长度测试。

```
#include<stdio.h>
union Data
{
    char ch;
    int p;
    float q;
}b;
struct Stduent
{
    char ch;
    int p;
    float q;
}b;
void main()
{
printf("字符型变量的长度为%d\n",sizeof(char));
printf("整型型变量的长度为%d\n",sizeof(int));
printf("实型变量的长度为%d\n",sizeof(float));
printf("结构体类型变量 b 的长度为%d\n",sizeof(struct Stduent));
printf("共用体类型变量 b 的长度为%d\n",sizeof(union Data ));
}
```

程序运行结果如图 8-12 所示。

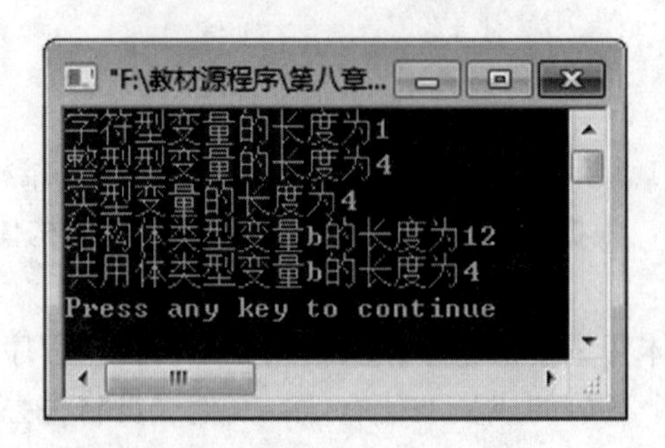

图 8-12　[例 8-7] 程序运行结果

拓展练习：子网掩码计算方法

子网掩码是用来判断任意两台计算机的 IP 地址是否属于同一子网络的根据。

最为简单的理解就是两台计算机各自的 IP 地址与子网掩码进行 AND 运算后，如果得出的结果是相同的，则说明这两台计算机是处于同一个子网络上的，可以进行直接的通信。

如图 8-13 所示，IP 地址是一个 32 位的二进制数，通常被分割为 4 个 8 位二进制数（也就是 4 个字节）。

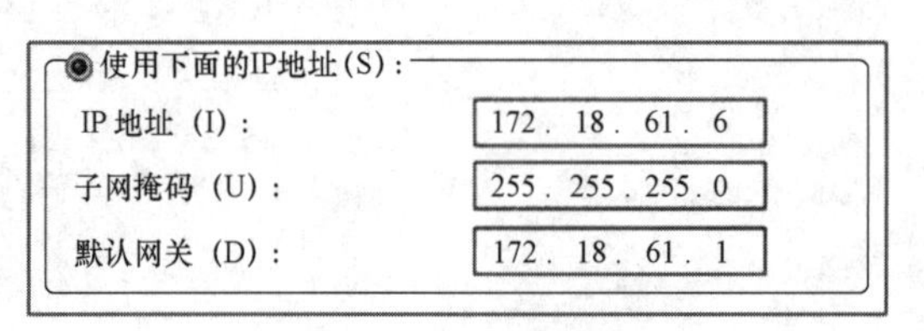

图 8-13　IP 地址

IP 地址通常用点分十进制表示成（a. b. c. d）的形式，其中，a、b、c、d 都是 0～255 之间的十进制整数。

例如，点分十进进 IP 地址（100.4.5.6），实际上是 32 位二进制数（01100100. 00000100. 00000101. 00000110）。

问题分析：

IP 地址是一个 32 位的二进制数，使用 int 类型的数据可以表示 IP 地址，这样表示 IP 地址便于与子网掩码进行与运算。

而 IP 地址习惯上采用点分十进制方式输入，将 32 位的二进制数 IP 地址分割为 4 个 8 位二进制数，分别输入 4 个字节的十进制数。

也就是说 4 个字节的 IP 地址在输入时是逐个字节输入，而在计算时 4 个字节又作为一个整体进行计算。这样自然地想到了共用体。

共用体类型的定义如下：

```
union IPAdress {
unsigned char a [4];
unsigned  int ip;
};
```

说明：
数组 a 和 ip 共用同一内存段。
输入 IP 地址时：往数组 a 中逐个输入。
IP 地址计算时：使用成员 ip 进行计算。
算法：
输入
第一行是本机 IP 地址
第二行是子网掩码
第三行整数 N，表示后面有 N 个 IP 地址
第 1 个 IP 地址
…
第 N 个 IP 地址
输出
计算并输出 N 个 IP 地址是否与本机在同一子网内。
对于在同一子网的输出“INNER”
对于在不同子网的输出“OUTER”
参考代码：

```
#include<stdio.h>
union IPAdress
{
    unsigned char a[4];
    unsigned  int ip;
};
union IPAdress GetIP()
{
    union IPAdress ipa;
    int a0, a1, a2, a3;
    scanf("%d.%d.%d.%d",
    &a3, &a2, &a1, &a0);
    ipa.a[3]=a3; ipa.a[2]=a2;
    ipa.a[1]=a1; ipa.a[0]=a0;//输入 IP 地址时,往数组 a 中逐个输入;
    return ipa;
}
void main()
{
    union IPAdress host, other, mask;
    int n=0;
    printf("请输入本机的 IP 地址:");
    host=GetIP();
```

```
    printf("请输入子网掩码的地址:");
    mask=GetIP();
    printf("请输入要判断的 IP 地址的个数:");
    scanf("%d\n", &n);
    while (n--)
    {
        other=GetIP();
        if ((host.ip&mask.ip)==(other.ip&mask.ip))// 地址计算时,使用 ip 进行计算
        printf("INNER\n");
        else printf("OUTER\n");
    }
}
```

程序运行结果如图 8-14 所示。

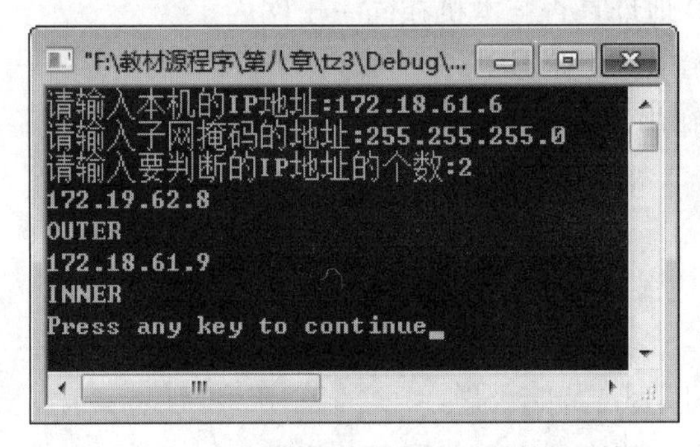

图 8-14 "子网掩码计算方法"程序运行结果

案例四 水 果 拼 盘

案例分析与实现

案例描述：

某餐厅用苹果、橘子、香蕉、菠萝、梨 5 种水果制作水果拼盘，要求每个拼盘中恰有 3 种不同水果，计算可制作出多少种这样的水果拼盘并列出组合方式。

案例分析：

解决这个问题的方法很多，可以用数组，也可以用结构体。在这里，使用枚举类型数据来解决此问题，因为总共有 5 种水果，可以在有限的范围内一一列举出来，故可用"enum plate {apple，orange，banana，pineapple，pear}；"来表示。用 x、y 和 z 表示一种方案中的 3 个选项，并且这 3 个选项不能重复。声明变量 num 用来记录选择方案的数目。

案例实现代码：

```
#include<stdio.h>
void main()
```

```
{
  enum plate{apple,orange,banana,pineapple,pear};
  enum plate x,y,z;
  char * fruits[10]= { "apple", "orange", "banana", "pineapple", "pear"};
  int num=0;
  for(x=apple;x<=pear;x++)
  for(y=x+1;y<=pear;y++)
  for(z=y+1;z<=pear;z++)
  printf("\ n%-4d%-10s%-10s%-10s",++num,fruits[x],fruits[y],fruits[z]);
}
```

程序运行结果如图 8-15 所示。

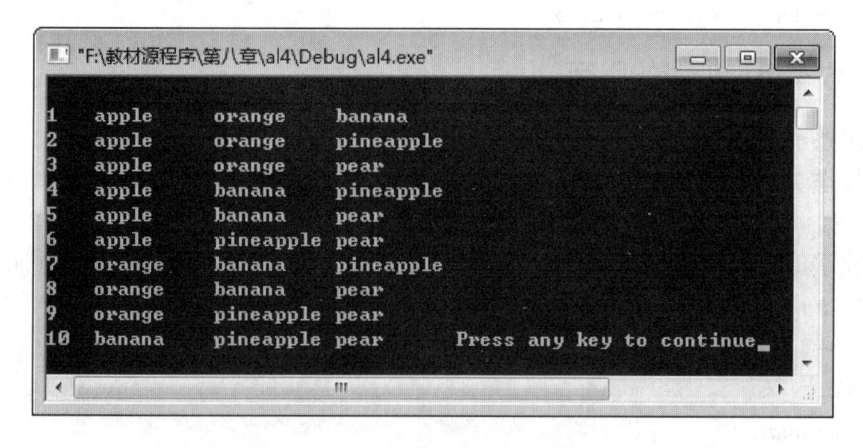

图 8-15 案例四程序运行结果

相关知识：枚举

在实际问题中，有些变量的取值被限定在一个有限的范围内。例如，性别只有男和女两种可能，一年只有 12 个月，一周只有 7 天等。C 语言针对这种问题，提供了枚举类型的变量。

如果某变量只有几种可能的取值，则可将其定义为枚举类型数据。在定义过程中，将这种变量的所有可能的取值一一列举出来，并为每一个值用一个通俗的名字来代表。例如 man 代表男，woman 代表女，以增强程序的可读性。这些名字通常称为枚举元素或枚举常量。

一、 枚举类型的定义

枚举类型定义的一般形式如下：

enum 枚举名 {枚举值表}；

在枚举值表中应罗列出所有可用的值。例如：

enum weekday {sun，mon，tue，wed，thu，fri，sat}；

该枚举名为 weekday，枚举值共有 7 个，即一周中的 7 天。凡被说明为 weekday 类型变量的取值只能是七天中的某一天。

与结构体和共用体一样，枚举变量也可以用不同的方式说明，例如：

(1) 先定义一个枚举类型标识符，然后用该标识符定义变量。其一般形式如下：

enum 枚举类型标识符｛枚举元素1，枚举元素2，…，枚举元素n｝；

enum 枚举类型标识符 变量列表；

例如，设变量x为表示性别的枚举类型变量，其取值为man或者woman，则可以如下说明：

enum gender｛man，woman｝；

enum gender x；

(2) 直接定义枚举变量。其一般形式如下：

enum 枚举类型标识符｛枚举元素1，枚举元素2，…，枚举元素n｝变量列表；

例如，上面的变量x可如下定义：

enum gender｛man，woman｝x；

二、枚举类型变量的引用

在引用枚举类型变量前，需要说明以下几点：

(1) 枚举类型是有序的，其序号根据枚举元素在定义时的先后顺序依次取值0、1、2、…。

(2) 枚举值是常量，不是变量。不能在程序中用赋值语句。例如enum gender｛man，woman｝中man的值为0，而woman的值为1，而对枚举weekday的元素作以下赋值：

woman＝5；

man＝2；

man＝woman；

都是错误的。

(3) 可以将枚举元素赋给枚举变量。例如，“x＝man;”是正确的，而“x＝0;”是错误的。

(4) 可以将枚举变量的值作为整型数输出。例如：

x＝woman；

printf("x=%d"，x)；

其输出结果为x＝1。

(5) 可用于比较判断，例如：

if(x＝＝man) …

【例8-8】 假设用0，1，2，…，6分别表示星期日、星期一……星期六。现输入一个数字，输出对应的星期几的英文单词。如果输入3，就输出Wednesday。使用switch语句编写程序。

```
#include<stdio.h>
void main()
{
  enum{Sunday，Monday，Tuesday，Wednesday，Thursday，Friday，Saturday }week;
  int i;
```

```
    printf("请输入一个 0~ 6 的数字: ");
    scanf("%d", &i);
    switch(i)
  {
    case 0:   week=Sunday;     break;
    case 1:   week=Monday;     break;
    case 2:   week=Tuesday;    break;
    case 3:   week=Wednesday;  break;
    case 4:   week=Thursday;   break;
    case 5:   week=Friday;     break;
    case 6:   week=Saturday;   break;
  }
  switch(week)
  {
    case Sunday:     printf("Sunday\n");     break;
    case Monday:     printf("Monday\n");     break;
    case Tuesday:    printf("Tuesday\n");    break;
    case Wednesday:  printf("Wednesday\n");  break;
    case Thursday:   printf("Thursday\n");   break;
    case Friday:     printf("Friday\n");     break;
    case Saturday:   printf("Saturday");     break;
    }
  }
```

图 8-16 [例 8-8]程序运行结果

程序运行结果如图 8-16 所示。

拓展练习 ：抓球游戏

已知一口袋中有红、白、黄、蓝、黑 5 种球各若干，每次取 3 个球，打印输出每次取出 3 种不同颜色的球的所有可能的组合。

思路：球的颜色只能取 5 色之一，而且要判断各球是否同色，可以用枚举类型的变量来处理。

参考代码：

```
#include "stdio.h"
void main()
{
  enum color{red,yellow,blue,white,black}i,j,k,pri;
  int n, loop;
  n=0;
  for(i=red;i<=black;i=(enum color)(i+1))
```

```
    for(j=red;j<=black; j=(enum color)(j+1))
    if(i!=j)
    {
      for(k=red;k<=black; k=(enum color)(k+1))
        if((k!=i)&&(k!=j))
        {
          n=n+1;
          printf("%-4d",n);
          for(loop=1;loop<=3;loop++)
          {
            switch(loop)
            {
                case1:pri=i; break;
                case2:pri=j; break;
                case3:pri=k; break;
                default:break;
            }
              switch(pri)
              {
                case red:printf("%-10s","red");break;
                case yellow:printf("%-10s","yellow");break;
                case blue:printf("%-10s","blue");break;
                case white:printf("%-10s","white");break;
                case black:printf("%-10s","black");break;
                default:break;
              }
            printf("\ n");
            }
        }
        printf("total:% 5d\ n",n);
  }
```

程序运行的部分结果如图 8-17 所示。

```
"F:\教材源程序\第八章\tz4\Debug\...
50 black     red       blue
51 black     red       white
52 black     yellow    red
53 black     yellow    blue
54 black     yellow    white
55 black     blue      red
56 black     blue      yellow
57 black     blue      white
58 black     white     red
59 black     white     yellow
60 black     white     blue
total:   60
Press any key to continue
```

图 8-17 “抓球游戏”程序运行结果

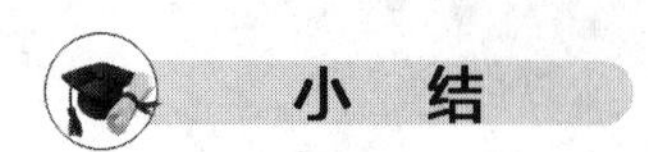

小 结

首先，本章介绍了宏替换、文件包含、条件编译三种编译预处理命令。正确使用编译预处理功能可以有效地提高程序开发效率，便于程序调试、程序移植，为结构化程序设计提供了便利和帮助。使用宏替换特别是带参数的宏替换，应当注意其副作用。使用标准库函数等应当包含相应的头文件。

其次，本章介绍了结构体、共用体、枚举类型等几种数据类型的定义方式及使用特性。其中，结构体和共用体在变量的定义以及变量的引用上存在相似之处，但也要注意两者的区别，在使用时可以结合起来把握。对枚举类型，主要注意其取值范围和类型。

在进行数据处理时，如果是将几个不同类型的数据组织起来描述某个对象，那么应该采用结构体类型；如果遇到不同情况下处理的数据在类型和内容上有所不同，为节省存储空间，可选择共用体类型；如果一个变量取值为有限个整数值，为程序的可读性考虑，则可采用枚举类型。总之，在处理数据时，要根据实际的需要，从数据的特点和操作性质等方面来选择使用何种构造类型。

一、判断题

1. 在说明一个结构体变量时，系统分配给它的存储空间是该结构体中所有成员所需存储空间的总和。（　　）

2. C 语言结构体类型变量在程序执行期间所有成员一直驻留在内存中。（　　）

3. struct 是结构体类型的关键字。（　　）

4. 设有以下说明语句：

```
struct stu
{
  int a;  float b;
} stutype;
```

则 struct stu 是用户定义的结构体类型。（　　）

5. 以下结构体类型变量的定义是正确的。（　　）

```
struct
{
  int num;
  float age;
} std1;
```

6. C 语言主要有宏替换、文件包含、条件编译三种编译预处理命令。（　　）

7. 宏替换不占用运行时间。（　　）

8. C 语言在执行过程中对预处理命令行进行处理。（　　）

9. 预处理命令都必须以“#”号开始。（　　）

10. 在程序的一行中可以出现多个有效的预处理命令行。（　　）

二、选择题

1. C 语言中，宏定义有效范围从定义处开始，到源文件结束处结束，但可以用______来提前解除宏定义的作用。

A. ＃ifdef　　B. endif　　C. ＃undefine　　D. ＃undef

2. 以下不正确的叙述是________。

A. 预处理命令都必须以“＃”号开始

B. 在程序中凡是以“＃”号开始的语句行都是预处理命令行

C. C语言在执行过程中对预处理命令行进行处理

D. ＃define ABCD 是正确的宏定义

3. 以下正确的叙述是________。

A. 在程序的一行中可以出现多个有效的预处理命令行

B. 使用带参宏时，参数的类型应与宏定义时的一致

C. 宏替换不占用运行时间，只占编译时间

D. 宏定义不能出现在函数内部

4. 以下不正确的叙述是________。

A. 宏替换不占用运行时间　B. 宏名无类型

C. 宏替换只是字符替换　D. 宏名必须用大写字母表示

5. 以下正确的叙述是________。

A. C语言的预处理功能是指完成宏替换和包含文件的调用

B. 预处理命令只能位于C源程序文件的首部

C. 凡是C源程序中行首以“＃”标识的控制行都是预处理命令

D. C语言的编译预处理就是对源程序进行初步的语法检查

6. 在文件包含预处理语句（＃include）的使用形式中，当之后的文件名用" "（双引号）括起时，寻找被包含文件的方式是________。

A. 直接按系统设定的标准方式搜索目录

B. 先在源程序所在目录搜索，再按系统设定的标准方式搜索

C. 仅仅搜索源程序所在目录

D. 仅仅搜索当前目录

7. 在文件包含预处理语句（＃include）的使用形式中，当之后的文件名用＜＞（尖引号）括起时，寻找被包含文件的方式是________。

A. 直接按系统设定的标准方式搜索目录

B. 先在源程序所在目录搜索，再按系统设定的标准方式搜索

C. 仅仅搜索源程序所在目录

D. 仅仅搜索当前目录

8. C语言的编译系统对宏命令的处理________。

A. 在程序运行时进行的

B. 在程序连接时进行的

C. 和C程序中的其他语句同时进行编译的

D. 在对源程序中其他语句正式编译之前进行的

9. 设有如下定义：

```
struct ss
{
```

```
   char name[10];
   int age;
   char sex;
} std[3],* p=std;
```

下面各输入语句中错误的是________。

A. scanf("%d", &(*p).age);

B. scanf("%s", &std.name);

C. scanf("%c", &std[0].sex);

D. scanf("%c", &(p->sex))

10. 设有以下说明语句，则下面的叙述中不正确的是________。

```
struct ex
{ int x; float y ;char z;} example;
```

A. struct 结构体类型的关键字

B. example 是结构体类型名

C. x、y、z 都是结构体成员名

D. struct ex 是结构体类型

11. 若程序中有下面的说明和定义：

```
struct   stt
{int x;
char b;}
struct stt a1,a2;
```

则会发生的情况是________。

A. 程序将顺利编译、连接、执行

B. 编译出错

C. 能顺利通过编译、连接，但不能执行

D. 能顺利通过编译，但连接出错

12. 已知学生记录定义如下：

```
struct student
{
   int no;
   char name[30];
   struct
   {
   unsigned int year;
   unsigned int month;
   unsigned int day;
   }birthday;
  }stu;
struct student* t=&stu;
```

若要把变量 t 中的生日赋值为“1980 年 5 月 1 日”，则正确的赋值方式为________。

A. year=1980；
   month=5；
   day=1；

B. t. year=1980；
   t. month=5；
   t. day=1；

C. t. birthday. year=1980；
   t. birthday. month=5；
   t. birthday. day=1；

D. t->birthday. year=1980；
   t->birthday. month=5；
   t->birthday. day=1；

13. 以下程序的输出结果是________。

```
amovep(int *p, int a[3][3],int n)
{
   int i, j;
   for( i=0;i<n;i++)
   for(j=0;j<n;j++){ *p=a[i][j];p++;}
}
void main()
{
   int *p,a[3][3]={{1,3,5},{2,4,6}};
   p= (int*)malloc(100);
   amovep(p,a,3);
   printf("%d %d \n",p[2],p[5]);free(p);
}
```

A. 56　　B. 25　　C. 34　　D. 程序错误

14. 以下程序的输出结果是________。

```
struct HAR
{
   int x, y; struct HAR *p;
} h[2];
void main()
{
   h[0]. x=1;h[0]. y=2;
   h[1]. x=3;h[1]. y=4;
   h[0]. p=&h[1]. x;
   h[1]. p=&h[0]. x;
   printf("%d %d \n",(h[0]. p)->x,(h[1]. p)->y);
}
```

A. 12　　B. 23　　C. 14　　D. 32

三、编程题

1. 编写一个宏定义 MYALPHA（c），用以判定 c 是否是字母字符，若是，得 1；否则，得 0。

2. 编写一个宏定义 LEAPYEAR (y)，用以判定年份 y 是否是闰年。判定标准是：若 y 是 4 的倍数且不是 100 的倍数或者 y 是 400 的倍数，则 y 是闰年。

3. 编写一个程序求三个数中最大者，要求用带参宏实现。

4. 试利用结构体类型编制一程序，实现输入一个学生的数学期中和期末成绩，然后计算并输出其平均成绩。

5. 试利用指向结构体的指针编制一程序，实现输入三个学生的学号、数学期中和期末成绩，然后计算其平均成绩并输出成绩表。

第九章 位运算与文件

内容概述

本章是初学C语言者的一大难点，属较高要求。读者应在掌握了计算机基本数值编码的基础上，开始本章的学习。通过本章的学习将进一步体会到C语言既具有高级语言的特点，又具有低级语言的功能，它能直接对计算机的硬件进行操作，因而它具有广泛的用途和很强的生命力。

知识目标

掌握各种位运算符；
掌握位运算符规则；
掌握文件的读写知识；
了解打开文件的各种方式；
了解文件操作的相关函数。

能力目标

能依据要求设计位运算；
能依据规则求出位运算的结果；
能够打开、关闭指定文件；
能运用函数正确地操作文件；
能够排查文件中的错误。

案例一 单元内容清零

案例分析与实现

案例描述：

用位运算使一个单元的内容清零。

案例分析：

把一个单元的内容清零有很多种方法，可以与0进行“&”运算，也可以使用左移操作。

案例实现代码：

```
#include<stdio.h>
void main()
{
  int a;
  printf("请输入一个整数:");
  scanf("%d",&a);
  a=a&0;
  printf("清零后结果为:%d\n",a);
}
```

程序运行结果如图 9-1 所示。

图 9-1　案例一程序运行结果

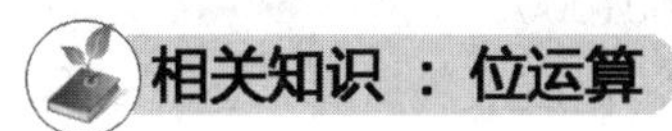

相关知识：位运算

程序中的所有参与运算的数在计算机内存中都是以二进制的形式储存的。位运算就是直接对数据在内存中的二进制位进行操作。由于位运算直接对内存数据进行操作，不需要转成十进制，因此处理速度非常快。位运算的作用很多，效率很高，所以一般能用位运算的就不用其他运算。

C 语言提供了位运算的功能，这使得 C 语言也能像汇编语言一样用来编写系统程序。参与运算的数以补码方式出现。在 C 语言中，位运算的对象只能是整型或字符型数据，不能是其他类型的数据。C 语言提供位运算的功能，与其他高级语言相比，它显然具有很大的优越性。

一、　位运算的相关概念

1. 字节与位

二进制数系统中的位简记为 b，也称为比特，每个 0 或 1 就是一个位（bit），是计算机中的最小数据单位。字节（Byte）是存储空间的基本计量单位，1 个字节有 8 位二进制。计算机中的 CPU 位数指的是 CPU 一次能处理的最大位数。例如，32 位计算机的 CPU 一个机器周期内可以处理 32 位数据 0xFFFFFFFF。

一个英文的字符占用一个字节，而一个汉字以及汉字的标点符号、字符都占用两个字节。一个二进制数字序列，在计算机中作为一个数字单元，一般为 8 位二进制数，如一个 ASCII 码就是一个字节。字节单位还有 KB、MB、GB、TB 等，此类单位的换算如下：

1KB = 1024B

1MB = 1024KB

1GB = 1024MB

1TB = 1024GB

2. 补码

一个数据在计算机内部被表示成二进制形式称为机器数。机器数有不同的表示方法，常用的有原码、反码、补码。数据的最右边一位是最低位，数据最左边一位称为最高位。

（1）原码表示规则：用最高位表示符号位，用“0”表示正号，“1”表示负号，其余各位表示数值大小。

例如：假设某个机器数的位数为 8，则 56 的原码是 00111000，－56 的原码是 10111000。

（2）反码表示规则：正数的反码与原码相同；负数的反码，符号位为“1”不变，数值部分按位取反，即 0 变为 1，1 变为 0。反码很少直接用于计算机中，它是用于求补码的过程产物。

例如：00111000 的反码为 00111000，10111000 的反码为 11000111。

（3）补码的表示规则：正数的补码与原码相同；负数的补码是在反码的基础上加二进制“1”。

例如：00111000 的补码为 00111000，10111000 的补码为 11001000。

补码是一种重要的编码形式，采用补码后，可以将减法运算转化成加法运算，运算过程得到简化。正数的补码即是它所表示的数的真值，而负数的补码的数值部分却不是它所表示的数的真值。采用补码进行运算，所得结果仍为补码。一个数补码的补码就是它的原码。与原码、反码不同，数值 0 的补码只有一个，即 00000000B。若字长为 8 位，则补码所表示的范围为－128～＋127；进行补码运算时，所得结果不应超过补码所能表示数的范围。

在实际应用中，注意原码、反码、补码之间的相互转换，由于正数的原码、补码、反码表示方法均相同，当遇到正数时不需转换。进行转换时，首先判断其符号位，为负时，再进行转换。

在以上三种表示形式中，原码和反码都不便于计算机内的运算，因为运算时要对符号位单独处理，而且对＋0 和－0 的表示也不唯一。

而补码则可以将符号位和其他位统一处理，对 0 的表示只有一种方法（0000 0000 0000 0000）；同时，减法也可按加法处理。因此，在计算机内部以补码形式存放数据。

二、 位运算符

在 C 语言中，位运算就是指直接对整数或字符型数据在内存中的二进制位进行操作。很多系统程序中常要求在位（bit）一级进行运算或处理，C 语言提供了按位运算的功能，使其具有很强的优越性，也能像汇编语言一样用来编写系统程序。

C 语言提供了 6 种位运算符，见表 9-1。

表 9-1 位运算符

<table>
<tr><th>类型</th><th>运算符</th><th>含义</th></tr>
<tr><td rowspan="4">位逻辑运算符</td><td>&</td><td>按位与</td></tr>
<tr><td>|</td><td>按位或</td></tr>
<tr><td>^</td><td>按位异或</td></tr>
<tr><td>~</td><td>取反</td></tr>
<tr><td rowspan="2">移位运算符</td><td><<</td><td>左移</td></tr>
<tr><td>>></td><td>右移</td></tr>
</table>

说明：

◆ “～”是单目运算符，其余均为双目运算符，即要求运算符两侧各有一个操作数。

◆ 位运算符的优先级按“～”→“<<”、“>>”→“&”→“^”→“|”的顺序由高到低。

◆ 位运算符的操作数必须为整型或字符型数据。两个操作数类型可以不同，运算之前遵循一般算术转换规则自动转换成相同的类型，结果的类型是转换后操作数的类型。

◆ 两个不同长度的运算数进行位运算时，系统会将两个数按右端对齐，再将位数短的一个运算数往高位扩充，即：无符号数和正整数左侧用 0 补全；负数左侧用 1 补全。

下面对各种位运算符的运算规则及其应用作详细介绍。

1. “按位与”运算符

“按位与”运算符是双目运算符。

运算规则：进行按位与运算时，如果两个运算对象都为 1，则结果为 1；如果两个运算对象有一个为 0，则结果为 0。即 0&0=0，0&1=0，1&0=0，1&1=1。

例如 9&5，其运算过程如下：

```
  0 0 0 0 1 0 0 1      (十进制 9)
& 0 0 0 0 0 1 0 1      (十进制 5)
-----------------
  0 0 0 0 0 0 0 1
```

因此，9&5 的值为 1。

特殊用途：

(1) 将数据中的指定位清零。按位与运算通常用来对某些位清 0。由按位与的规则可知，为了使某数的指定位清零，可将该数按位与一特定数。该数中为 1 的位，特定数中相应位应为 0；该数中为 0 的位，特定数中相应位可以为 0 也可以为 1。由此可见，能对某一个数的指定位清零的数并不唯一。

(2) 保留数据中指定的位。要想将一个数的某一位保留下来，可将该数与一个特定数进行 & 运算，特定数的相对应的那位应为 1。

【例 9-1】 对原数 00110110 中为 1 的位清零。

程序实现代码：

```
#include "stdio.h"
void main()
{  //变量 a、b 的初值是十六进制数
    int a=0x36,b=0xc0,c;
    c=a&b;
    printf("a=%x,b=%x,c=%x",a,b,c);
}
```

程序第 4 行“c = a & b;”的执行过程如下：

```
  0 0 1 1 0 1 1 0
& 1 1 0 0 0 0 0 0      (或 01000000、00000000 等)
-----------------
  0 0 0 0 0 0 0 0
```

程序运行结果：

a=0x36，b=0xc0，c=0

【例 9 - 2】 将二进制数 00111111（十六进制数 0x3f）中的高 4 位保留，低 4 位清零。

程序实现代码：

```
#include<stdio.h>
void main()
{
   //变量 a、b 的初值是十六进制数
   int a=0x3f, b=0xf0, c;
   c=a&b;
   printf("将%#x的高四位保留,低四位清零\n", a);
   printf("%#x & %#x= %#x\n", a, b, c);
}
```

程序运行结果如图 9 - 2 所示。

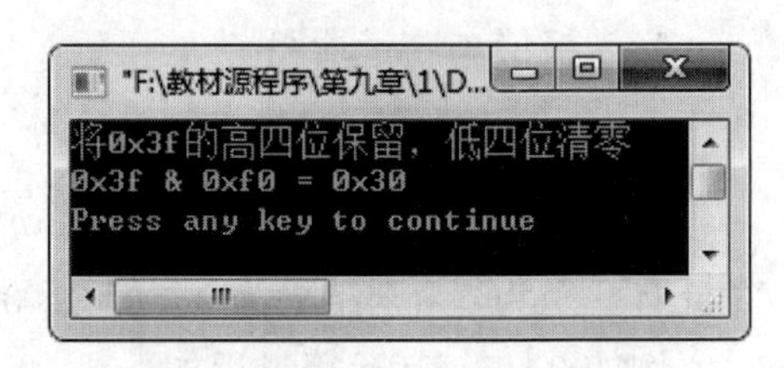

图 9 - 2 [例 9 - 2]程序运行结果

2. **“按位或”运算符**

“按位或”运算符是双目运算符。

运算规则：进行按位或运算时，如果两个运算对象有一个为 1，则结果位为 1；如果两个运算对象都为 0，则结果位为 0。即 0 | 0=0，0 | 1=1，1 | 0=1，1 | 1=1。

例如 9 | 5，其运算过程如下：

```
  0 0 0 0 1 0 0 1      (十进制 9)
| 0 0 0 0 0 1 0 1      (十进制 5)
--------------------
  0 0 0 0 1 1 0 1      (十进制 13)
```

因此，9 | 5 的值为 13。

特殊用途：将一个数据的某些指定的位置为 1；将该数按位或一个特定的数，该特定的数的相应位置为 1。

【例 9 - 3】 将一个数的低 4 置为 1。

只需将该数与“00001111”进行“按位或”运算。

例如：

```
  ########      (#可代表 0 或 1)
| 0 0 0 0 1 1 1 1
------------------
  ####1 1 1 1
```

程序实现代码：

```
#include "stdio.h"
void main()
{  int a,b=0x0f,c;
    scanf("%x",&a);
    c=a| b;
```

```
    printf("a=%#x   b=%#x   c=%#x\n",a,b,c);
}
```

程序运行结果如图 9-3 所示。

图 9-3　[例 9-3] 程序运行结果

3. "按位异或"运算符

"按位异或"运算符是双目运算符。

运算规则：进行按位异或运算时，若两个运算对象的值相异，结果位为 1；若两个运算对象的值相同时，结果位为 0。即 0^0 = 0，1^1=0，1^0=1，0^1=1。

例如 9^5，其运算过程如下：

```
 0 0 0 0 1 0 0 1     （十进制 9）
^0 0 0 0 0 1 0 1     （十进制 5）
-----------------
 0 0 0 0 1 1 0 0     （十进制 12）
```

因此 9^5 的值为 12。

特殊用途：使数据中的指定位翻转；保留数据中的指定位；可以交换两个变量的值，而不使用中间变量；将一个数清零。

【例 9-4】 将二进制数 001100111（即十六进制数 0x33）中的高 4 位保留，低 4 位翻转。

程序实现代码：

```
#include<stdio.h>
void main()
{
  int a=0x33, b=0x0f, c;
  c=a^b;
  printf("%#x高四位保留,低四位翻转后的结果为:\n", a);
  printf("%#x\n",c);
}
```

程序运行结果如图 9-4 所示。

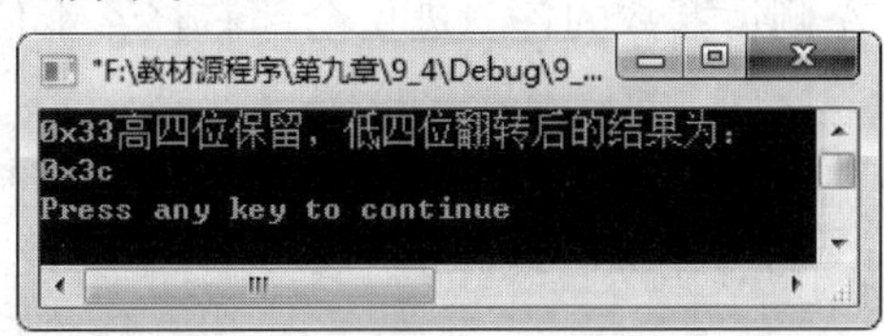

图 9-4　[例 9-4] 程序运行结果

4.“按位非”运算符

“按位取反”运算符是单目运算符。

运算规则：0取反得1，1取反得0。即～0=1，～1=0。

例如～9的运算过程如下：

～00001001（十进制9）

  11110110

特殊用途：适当地使用“取反”运算符可增加程序的可移植性。例如，要将整数x的最低位置为0，通常采用语句“x = x &（～1）;”来完成，因为这样做不管x是8位、16位还是32位数均能办到。

5.“按位左移”运算符

“按位左移”运算符是双目运算符。

运算规则：把“<<”左侧运算数的各二进位全部左移若干位，移动的位数由“<<”右边的数指定，高位丢弃，低位补0。

例如：a<<3指把a的各二进位向左移动3位，如a=00000011（十进制3），左移4位后为00011000（十进制24）。

特殊用途：利用“左移”运算符可以实现乘法的功能。左移1位相当于该数乘以2；左移n位相当于该数乘以2^n。但此结论只适用于该数左移时被溢出舍弃的高位中不包含1的情况。左移比乘法运算快得多，有的C编译系统自动将乘2运算用左移一位来实现。

【例9-5】 编程实现，将键盘输入的整数值乘以8后输出。

程序实现代码：

```
#include<stdio.h>
void main()
{
    unsigned int x, n=3, y;
    scanf("%u",&x);
    y=x<<n;
    printf("%u<<%u=%u\n",x,n,y);
}
```

程序运行结果如图9-5所示。

图9-5 [例9-5]程序运行结果

6.“按位右移”运算符

“按位右移”运算符是双目运算符。

运算规则：把“>>”左侧运算数的各二进位全部右移若干位，移动的位数由“>>”右边的数指定。

特殊用途：利用“右移”运算符可以实现除法的功能，即右移1位相当于该数除以2；右移n位相当于该数除以2^n。右移比除法运算快得多。

【例 9-6】 编程实现，将键盘输入的整数值除以 4 后输出。

程序实现代码：

```
#include<stdio.h>
void main()
{
   unsigned int x, n=2, y;
    scanf("%u",&x);
   y=x>>n;
   printf("%u>>%u=%u\n",x,n,y);
}
```

图 9-6　[例 9-6]程序运行结果

程序运行结果如图 9-6 所示。

【例 9-7】 编写程序实现对－9 右移 1 位的功能。

分析：当对负数进行右移操作，左端补 1 不补 0。－9 右移一位的过程如下：

－9 的原码形式：1000000000001001　最高位的 1 表示该数为负数

－9 的反码形式：1111111111110110　最高位不变，其余各位取反

－9 的补码形式：1111111111110111　对反码加 1

右移 1 位－9>>1：1111111111111011 挤掉右端 1 位，左端补 1

求－9>>1 的反码：1111111111111010　对补码减 1 而得

求－9>>1 的原码：1000000000000101　反码最高位不变，其余取反

因此，－9>>1 的值由－9 变为－5。

程序实现代码：

```
#include<stdio.h>
void main()
{
   int a=-9, x=0;
   x=a>>1;
   printf("%d>>1=%d\n", a, x);
}
```

7. 位复合赋值运算符

以上各双目位运算符与赋值运算符结合可组成复合赋值运算符，见表 9-2。

表 9-2　复合赋值运算符

复合赋值运算符	表达式举例	等价的表达式
&=	a &= b	a = a & b
|=	a |= b	a = a | b
^=	a ^= b	a = a ^ b

续表

复合赋值运算符	表达式举例	等价的表达式
<<=	a <<= n	a = a << n
>>=	a >>= n	a = a >> n

位复合赋值运算符与算术复合赋值运算符相似，它们的运算级别较低，仅高于逗号运算符，是自右而左的结合性。

拓展练习：数据左循环移位操作

从键盘输入一个十进制整数，以二进制形式输出。

分析：在内存的存储形式也就是该数的二进制形式，因此，对于一个16位的整数，只要从最高位依次把各位的值（0或1）输出即可。于是，可采用如下步骤：

（1）构造一个最高位为1，其余各位为0的整数（屏蔽字）；

（2）用屏蔽字和num进行“&”运算，判定其结果输出“1”或“0”；

（3）每输出一位num右移一位，使其次高位移到最高位。

（4）重复步骤（2）、（3），输出16位的二进制数。

参考代码：

```
# include<stdio. h>
void main()
{
  int num,mask,i;
  printf("请输入一个整数:");
  scanf("% d",&num);
  mask=1<<15;        /*  构造一个最高位为1,其余各位为0的屏蔽字 * /
  printf("% d=",num);
  for(i=1;i<=16;i++)
  {
      putchar(num & mask? '1':'0');      /*  输出最高位的值 * /
      num<<=1;      /*  将次高位移到最高位上 * /
      if(i% 4==0)
      putchar('');    /*  四位一组,用空格分开 * /
  }
  printf("\ bB\ n");    /*  \ b用来去掉最后一个空格* /
}
```

程序运行结果如图9-7所示。

图 9-7 “数据左循环移位操作”程序运行结果

案例二 通讯录信息录入

案例分析与实现

案例描述：

从键盘输入某工作人员的姓名、性别、年龄、电话、籍贯，将信息保存到“通讯录.txt”文件中。

案例分析：

本案例需要存储的人员信息包括姓名、性别、年龄、电话、籍贯，定义结构体类型 address，其中包括五个成员：姓名（name）、性别（sex）、年龄（age）、电话（tel）、籍贯（nat）。使用 fopen 函数新建并打开一个以“通讯录”命名的 txt 文件。使用 fprintf 函数将人员信息写入“通讯录”文件中。

案例实现代码：

```
#include<stdio.h>
#include<stdlib.h>
#include<string.h>
struct address
{
  char name[20];
  char sex[20];
  char age[20];
  char tel[20];
  char nat[20];
}a;
void main()
{
FILE * fp;
   if((fp= fopen("通讯录.txt","w+"))==NULL)
     { printf("不能打开文件! \n"); }
   else
```

```
    {
        printf("输入人员姓名:");
        scanf("%s",&a.name);
        printf("输入人员性别:");
        scanf("%s",&a.sex);
        printf("输入人员年龄:");
        scanf("%s",&a.age);
        printf("输入人员电话:");
        scanf("%s",&a.tel);
        printf("输入人员籍贯:");
        scanf("%s",&a.nat);
        fprintf(fp,"%s\t %s\t %s\t %s\t %s\n",&a.name,&a.sex,&a.age,&a.tel,&a.nat);
        printf("文件“通讯录.txt”保存成功\n");
        fclose(fp);
    }
}
```

程序运行结果如图 9-8 所示。

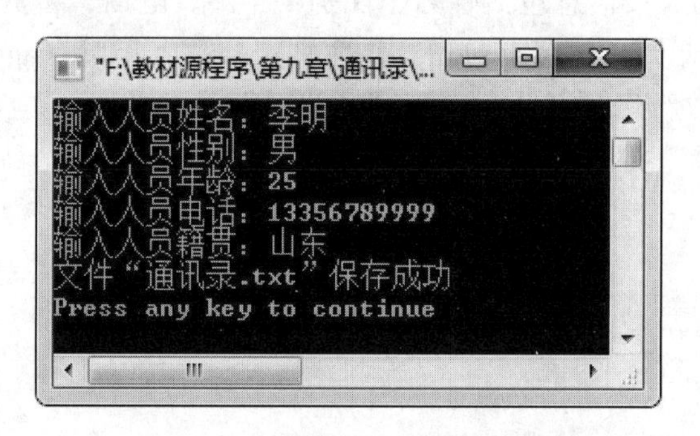

图 9-8 案例二程序运行结果

该程序运行结束后，将在工程文件夹中生成“通讯录.txt”文件，直接打开“通讯录.txt”文件，可以看到写入的内容跟键盘输入的内容一致，如图 9-9 所示。

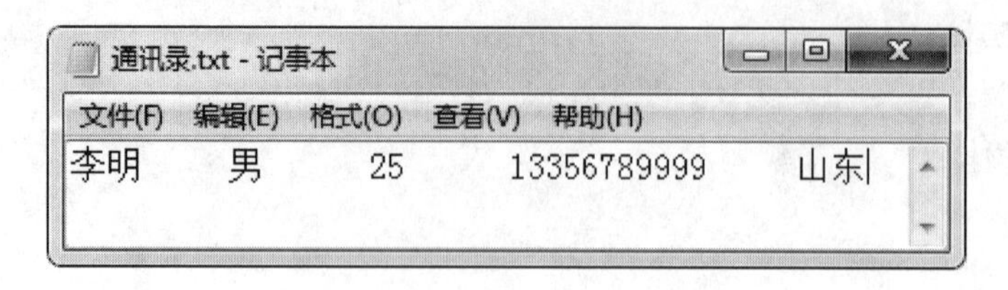

图 9-9 “通讯录.txt”文件

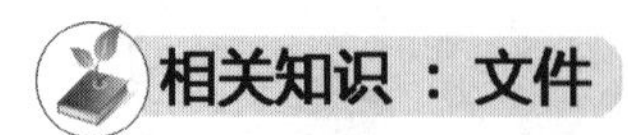

相关知识：文件

文件是程序设计中极为重要的一个概念，文件一般指存储在外部介质上的数据的集合。

通过文件可以大批量处理数据，可以长时间的将信息存储起来。其实对于文件我们并不陌生，如 word 文件、文本文件、Excel 文件、PowerPoint 文件、音频文件、视频文件和图像文件等，下面介绍怎样使用 C 语言操作这些文件。

一、 文件的概述

1. 文件分类

所谓“文件”是指一组相关数据的有序集合。这个数据集有一个名称，称为文件名。实际上在前面的各章中我们已经多次使用了文件，例如源程序文件、目标文件、可执行文件、库文件（头文件）等。

文件通常是驻留在外部介质上的，在使用时才调入内存中来。

C 语言把文件看作一个字节的序列，即由一连串的字符组成，称为“流（stream)”，以字节为单位访问，没有记录的界限。输入输出字符流的开始和结束只由程序控制而不受物理符号（如回车符）的控制。因此也把这种文件称作“流式文件”。

（1）对于文件，从用户的角度看，文件可分为普通文件和设备文件两种。

普通文件是指驻留在磁盘或其他外部介质上的一个有序数据集，可以是源文件、目标文件、可执行程序。

设备文件是指与主机相联的各种外部设备，如显示器、打印机、键盘等。

（2）从文件编码的方式来看，文件可分为文本（ASCII 码）文件和二进制码文件两种。

文本文件的每一个字节存放一个 ASCII 码，代表一个字符。文本文件的输入/输出与字符一一对应，一个字节代表一个字符，便于对字符进行逐个处理，也便于输出字符。

二进制文件是把内存中的数据按其在内存中的存储形式原样放入磁盘存放。

（3）从文件的逻辑结构看，文件可分为流式文件和记录文件。

流式文件是由一个个字符（字节）数据顺序组成，如视频流。

记录文件由具有一定结构的记录组成，如 word 文件、pdf 文件。

本章讨论流式文件的打开、关闭、读、写、定位等各种操作。

2. 文件系统

C 语言所使用的磁盘文件系统有两大类：一类称为缓冲文件系统，又称为标准文件系统；另一类称为非缓冲文件系统。

缓冲文件系统的特点是：在内存开辟一个“缓冲区”，为程序中的每一个文件使用，如图 9 - 10 所示。当执行读文件的操作时，从磁盘文件中将数据先读入内存“缓冲区”，装满后再从内存“缓冲区”依次读入到接收的变量。执行写文件的操作时，先将数据写入内存“缓冲区”，等内存“缓冲区”装满后再写入文件。

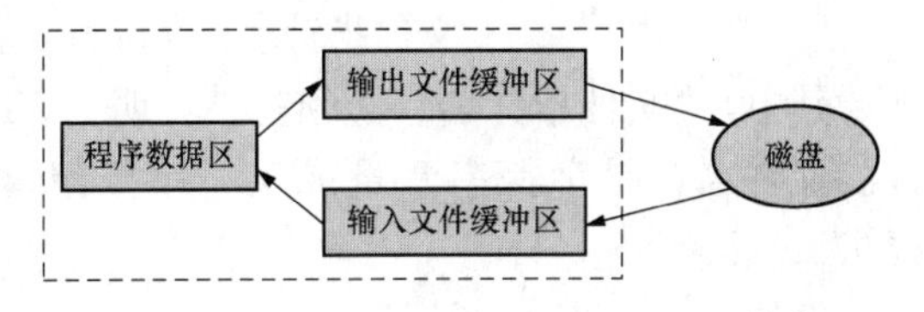

图 9 - 10 缓冲文件系统示意

使用缓冲区可以一次读入一批数据，或输出一批数据，而不是执行一次输入或输出函数就要去访问一次磁盘。使用缓存区的目的是减少对磁盘的实际读写次数，提高文件的读写速度。缓冲区的大小由各个具体的C语言版本确定，一般为512字节。

非缓冲文件系统依赖于操作系统，操作系统不开辟读写缓冲区，通过操作系统的功能对文件进行读写，是系统级的输入/输出。它不设文件结构体指针，只能读写二进制文件，但效率高、速度快，由于ANSI C标准不再包括非缓冲文件系统，因此建议读者最好不要选择，本书也不做介绍。

3. 文件指针

C语言程序可以同时处理多个文件，为了对每一个文件进行有效的管理，在打开一个文件时，系统会自动地在内存中开辟一个区，用来存放文件的有关信息（如文件名、文件状态等）。这些信息保存在一个结构体变量中，该结构体是由系统定义的，取名为FILE。FILE定义在头文件stdio.h中。

对每一个要进行操作的文件，都需要定义一个指向FILE类型结构体的指针变量，该指针称为文件类型指针，文件类型指针的定义方法如下：

FILE * 指针变量；

其中，FILE必须大写，表示由系统定义的一个文件结构。C语言中通过文件指针变量，对文件进行打开、读、写及关闭等操作。例如：

```
FILE * fp;
```

fp是一个指向FILE类型结构体的指针变量。当fp和某个文件建立关联之后，通过fp即可找到存放该文件信息的结构变量，然后按结构变量提供的信息找到该文件，实施对文件的操作。

二、 文件的打开和关闭

对磁盘文件的操作必须“先打开，后读写，最后关闭”。任何一个文件在进行读写操作之前要先打开，使用完毕要关闭。

所谓打开文件，实际上是建立文件的各种有关信息，并使文件指针指向该文件，以便进行其他操作。关闭文件则断开指针与文件之间的联系，也就禁止再对该文件进行操作。ANSI C标准规定了文件打开和关闭的函数分别为fopen函数和fclose函数。

1. 文件打开

fopen() 函数的功能是以某种使用方式打开文件，其调用形式如下：

文件指针名=fopen(文件名，使用文件方式)；

其中，“文件指针名”必须是被说明为FILE类型的指针变量；“文件名”是被打开文件的文件名，是字符串常量或字符串数组；“使用文件方式”是指文件的类型和操作要求。

例如：

```
FILE * fp;
fp=fopen("file1.dat","r");
```

表示打开文件名为file1的文件，文件使用方式为“只读方式”，fopen函数返回指向

file1 文件信息区的起始地址的指针并赋值给 fp，通过 fp 指针就可以对 file1 文件进行操作了。文件使用方式见表 9-3。

表 9-3 文件使用方式及含义

文件类别	打开方式	含义及说明
文本文件	"r"	以只读方式打开一个文本文件，只允许读数据
	"w"	以只写方式打开或建立一个文本文件，只允许写数据
	"a"	以追加方式打开一个文本文件，并允许在文件末尾写数据
	"r+"	以读写方式打开一个文本文件，允许读和写
	"w+"	以读写方式打开或建立一个文本文件，允许读写
	"a+"	以读写方式打开一个文本文件，允许读，或在文件末追加数据
二进制文件	"rb"	以只读方式打开一个二进制文件，只允许读数据
	"wb"	以只写方式打开或建立一个二进制文件，只允许写数据
	"ab"	以追加方式打开一个二进制文件，并允许在文件末尾写数据
	"rb+"	以读写方式打开一个二进制文件，允许读和写
	"wb+"	以读写方式打开或建立一个二进制文件，允许读和写
	"ab+"	以读写方式打开一个二进制文件，允许读，或在文件末追加数据

对于文件使用方式有以下几点说明：

(1) 文件使用方式由 r、w、a、t、b、+六个字符拼成，各字符的含义如下：

r (read)：读。

w (write)：写。

a (append)：追加。

t (text)：文本文件，可省略不写。

b (banary)：二进制文件。

+：读和写。

(2) 用"r" 方式打开的文件，只能用于“读”，即可把文件的数据作为输入，读到程序里，但不能把程序中产生的数据写到文件中。"r" 方式只能打开一个已经存在的文件。

(3) 用"w" 方式打开的文件，只能用于“写”，即不能读出文件中的数据，只能把程序中的数据写到文件中。如果指定的文件不存在，则新建一个文件；如果文件存在，则把原来的文件删除，再重新建立一个空白的文件。

(4) 用"a" 方式打开的文件，如果文件存在，则向文件末尾添加新的数据，并保留该文件原有的数据；如果文件不存在，则创建一个新文件，在文件不存在的情况下，"a" 与"w" 没有什么区别。

(5) 打开方式带上"b" 表示是对二进制文件进行操作。带上“+”是既可以读，又可以写，而对文件存在与否的不同处理则按照"r" "w" 和"a" 各自的规定进行。

(6) 由于文件是独立于程序之外不易被控制的，所以调用文件是程序中最易出错的地方。打开文件也是如此，当打开文件出错时，函数 fopen 会返回一个空指针 NULL，出错原因可能是以"r" 方式打开一个不存在的文件，或者是磁盘已满等。一旦文件打开出错，后边的程序也将无法执行，好的习惯是先检查打开文件时是否出错，如果有错则提示给用户，并终止程序的执行，等用户检查出错误，修改后再运行该程序。

通常打开文件的方法如下：

```
FILE * 文件指针变量;
文件指针变量=fopen（"文件名","文件使用方式"）;
if(文件指针变量= =NULL)
{  printf(" cannot open this file\ n");
   exit (0);
}
```

2. 文件关闭

在使用完一个文件后应该即时关闭它，这是一个程序设计者应养成的良好习惯。如果使用完没有关闭文件，则不仅占用系统资源，还可能造成文件被破坏。关闭文件的函数是 fclose（），其使用方法如下：

fclose（文件指针变量）;

fclose 用来关闭文件指针变量所指向的文件。该函数如果调用成功，返回数值 0，否则返回一个非零值。

例如：

fclose（fp）;

关闭文件后，文件类型指针变量将不再指向和它所关联的文件，此后不能再通过该指针对原来与其关联的文件进行读写操作，除非再次打开该文件，使该指针变量重新指向该文件。

三、 文件的读写函数

对文件的读和写是最常用的文件操作，C 语言提供了丰富的文件读写函数。例如，字符读/写函数 fgetc/fputc、字符串读/写函数 fgets/fputs、数据块读/写函数 fread/fwrite、格式化读/写函数 fscanf/fprintf 等。使用这些函数时都要求包含头文件 stdio. h。

（一）字符读/写函数

1. 读字符函数 fgetc

fgetc 函数的功能是从文件指针变量指向的文件中读取一个字符。函数调用的形式如下：

字符变量=fgetc（文件指针变量）;

例如：

ch=fgetc（fp）;

其中，ch 是字符变量，fp 为文件指针变量，fgetc 函数将从 fp 指向的文件中读出一个字符并赋给变量 ch。

说明：

◆ 在 fgetc（）函数调用中，读取的文件必须是以读或读写方式打开。

◆ 读取字符的结果可以不赋值，但读出的字符不能保存。

◆ 在文件内部有一个位置指针。用来指向文件的当前读写字节。在文件打开时，该指针总是指向文件的第一个字节。使用 fgetc 函数后，该位置指针将向后移动一个字节。因此可连续多次使用 fgetc 函数，读取多个字符。

◆ 该函数如果调用成功，返回读出的字符，文件结束或出错时返回 EOF（－1）。

如果想从一个磁盘文件顺序读取字符并在屏幕上显示出来，可以用以下程序段来实现：

```
ch= fgetc(fp);
while(ch! =EOF)
{
    putchar(ch);
    ch= fgetc(fp);
}
```

以上程序段说明当输取的字符值等于 EOF（即－1）时，表示读取的已不是正常的字符而是文件的结束符，此时程序中止。不过这种判断方法只适用于读取文本文件的情况。

如果想顺序读取一个二进制文件中的数据，可以用以下程序段来实现：

```
while(! feof(fp))
{
   ch=fgetc(fp);
   putchar(ch);
}
```

feof 函数的功能是判断文件是否真的结束，feof（fp）用来测试 fp 所指向的文件的当前状态，如果文件结束，函数 feof（fp）的值为 1（真），否则为 0（假）。

2. 写字符函数 fputc

fputc 函数的功能是把一个字符写入指定的文件中，函数调用的形式如下：

fputc（字符量，文件指针）；

其中，待写入的字符量可以是字符常量或变量。

例如：

fputc（"a"，fp）；

其执行结果是将字符 a 写入到 fp 所指向的文件中。

说明：

◆ 被写入的文件可以用写、读写，追加方式打开。用写或读写方式打开一个已存在的文件时将清除原有的文件内容，写入字符从文件首开始。如需保留原有文件内容，必须以追加方式打开文件。被写入的文件若不存在，则创建该文件。

◆ 每写入一个字符，文件内部位置指针向后移动一个字节。

◆ fputc 函数有一个返回值，如写入成功则返回写入的字符；否则返回一个 EOF。可用此来判断写入是否成功。

【例 9-8】 读取配置文件在显示器上打印。

分析：system. ini 为文本文件，所以以“r”模式打开；成功打开文件后，按顺序逐个读取文件中的字符，每次用 fgetc 函数读一个字符，再用 putchar 函数在显示器上打印出来，直到文件结束；用 feof 函数判断是否读到文件结尾符，如果遇到文件结束，函数 feof（fp）的值为非零值，否则为 0。

程序实现代码：

```
#include<stdio.h>
void main()
{
  FILE* fp;
  int ch;
  fp=fopen("c:\\windows\\system.ini","r");
  if(fp!=NULL)
  {
    while(!feof(fp))
    {
     ch=fgetc(fp);
     putchar(ch);
    }
  }
  fclose(fp);
}
```

system. ini 为文本文件，所以以"r"模式打开。成功打开文件后，按顺序逐个读取文件中的字符，每次用 fgetc 函数读一个字符，再用 putchar 函数在显示器上打印出来，直到文件结束。

程序运行结果如图 9-11 所示。

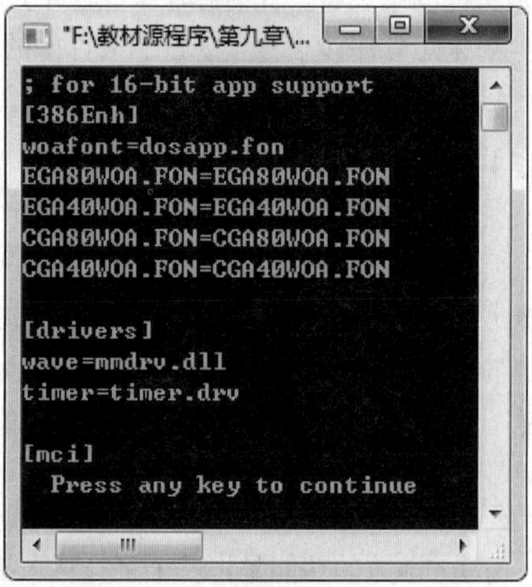

图 9-11 ［例 9-8］程序运行结果

（二）字符串读/写函数

1. 读字符串函数 fgets

函数 fgetc 每次只能从文件中读取一个字符，而函数 fgets 则用来读取一个字符串。fgets 函数的功能是从指定的文件中读一个字符串到字符数组中，函数调用的形式如下：

fgets（字符数组，n，文件指针变量）；

fgets 函数从文件指针变量所指向的文件中读取 n－1 个字符。如果在读 n－1 个字符前遇到换行符或 EOF 标记，则读取结束。读出的字符放到字符数组中，然后在末尾加一个字符串结束标志“\0”。如果该函数调用成功，返回字符数组的首地址，失败时返回 NULL。

例如：

fgets（str，n，fp）；

表示从 fp 所指的文件中读出 n－1 个字符送入字符数组 str 中。

【例 9-9】 从 9-9. txt 文件中读入一个含 3 个字符的字符串，并在屏幕上输出。

程序实现代码：

```
#include<stdio.h>
#include<stdlib.h>
#include<conio.h>
void main()
{
  FILE * fp;
  char str[11];
  if((fp=fopen("9_9.txt","r"))==NULL)
  {
   printf("\nCannot open file!");
   getch();
   exit(1);
}
    fgets(str,4,fp);
    printf("%s\n",str);
    fclose(fp);
}
```

运行程序结果如图 9-12 所示。

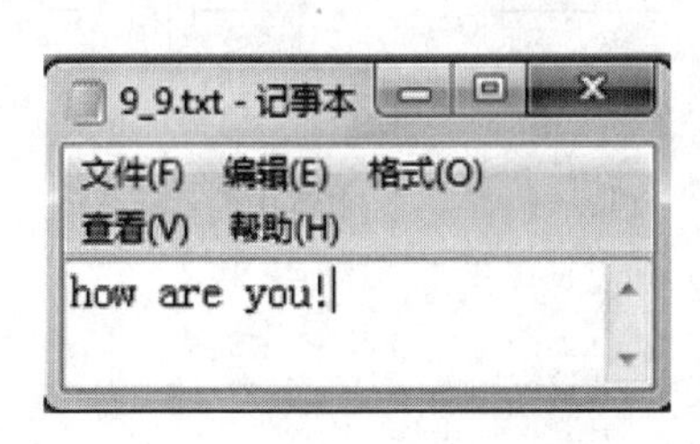

图 9-12 ［例 9-9］程序运行结果

2. 写字符串函数 fputs

fputs 函数的功能是向指定的文件写入一个字符串，函数调用的形式如下：

fputs（字符串，文件指针）；

其中字符串可以是字符串常量，也可以是字符数组名，或指针变量。

例如：

fputs（"abcd"，fp）；

其意义是把字符串 “abcd” 写入 fp 所指的文件之中。

【例 9-10】 在文件 9_10. txt 中追加一个字符串，再把该文件内容读出显示在屏幕上。

程序实现代码：

```
#include<stdio.h>
#include<stdlib.h>
#include<conio.h>
void main()
{
   FILE * fp;
   char ch,st[20];
   if((fp=fopen("9_9.txt","a+"))==NULL)
   {
      printf("\nCannot open file!");
      getch();
      exit(1);
   }
      printf("input a string:\n");
      scanf("%s",st);
      fputs(st,fp);
      rewind(fp);
      ch=fgetc(fp);
      while(ch!=EOF)
      {
       putchar(ch);
       ch=fgetc(fp);
      }
      printf("\n");
      fclose(fp);
}
```

程序运行输出结果如图 9-13 所示。

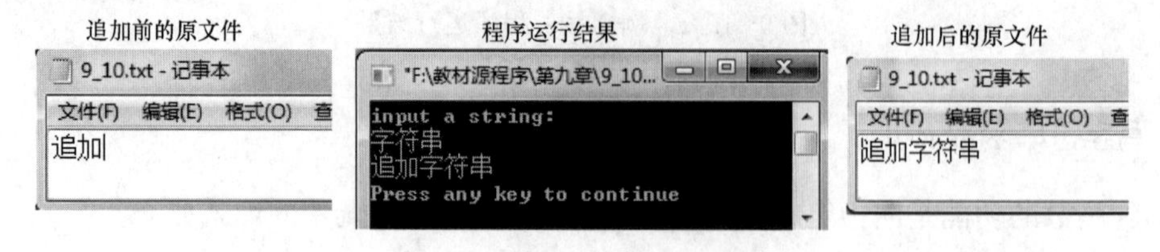

图 9-13 ［例 9-10］程序运行结果

用 fputs 函数输出时，字符串最后的“\0”并不输出，也不自动加换行符“\n”。另外，fputs 函数输出字符串时，文件中各字符串首位相接，它们之间没有任何分隔符，为了便于读入，在输出字符串时，可以人为地加入“\n”。

（三）数据块读/写函数

C语言还提供了用于整块数据的读写函数。可用来读写一组数据，如一个数组元素，一个结构变量的值等。

1. 读数据块函数 fread

fread 函数用来从指定文件读一个数据块，例如读一个实数或一个结构体变量的值，该函数调用的形式如下：

fread（buffer，size，count，文件指针变量）；

buffer 是读入数据在内存中的存放地址；size 是要读的数据块的字节数；count 是要读多少个 size 字节的数据项。

fread 函数的作用是从文件指针变量指向的文件中读 count 个长度为 size 的数据项到 buffer 所指的地址中。该函数如果调用成功返回实际读入数据块的个数，如果读入数据块的个数小于要求的字节数，说明读到了文件尾或出错。

2. 写数据块函数 fwrite

fwrite 函数用来将一个数据块写入文件，该函数调用的形式如下：

fwrite（buffer，size，count，文件指针变量）；

fwrite 函数的作用是从 buffer 所指的内存区写 count 个长度为 size 的数据项到文件指针变量指向的文件中。该函数如果调用成功返回实际写入文件中数据块的个数，如果写入数据块的个数小于指定的字节数，说明函数调用失败。

【例 9-11】 从键盘输入三个学生的姓名、性别、年龄基本信息，存入文件 student.txt 中，然后再从文件中读出所输入的数据。

程序实现代码：

```
#include "stdio.h"
#include<stdlib.h>
struct student
{
  char sname[8];
  char ssex[2];
  int sage;
}stu1[3],stu2[3];
void main()
{
  int i;
  FILE * fp;
  fp=fopen("student.stu","wb");
  if(fp==NULL)
   {
```

```
      printf("写文件打开失败!");
      exit(0);
    }
   printf("三个学生的基本信息(姓名,性别,年龄):\n");
   for(i=0;i<3;i++)
   {
      scanf("%s%s%d",stu1[i].sname,stu1[i].ssex,&stu1[i].sage);
      fwrite(&stu1[i],sizeof(student),1,fp);
    }
   fclose(fp);
   fp=fopen("student.stu","rb");
   if(fp==NULL)
   {
      printf("读文件打开失败!!");
      exit(0);
   }
   fread(&stu2,sizeof(student),3,fp);
   printf("您刚才输入的数据为:\n");
   for(i=0;i<3;i++)
   {
      printf("%s %s %d\n",stu2[i].sname,stu2[i].ssex,stu2[i].sage);
    }
   fclose(fp);
}
```

程序首先定义用来表示学生信息的结构体，然后以只写方式打开文件 student.stu，接下来等待用户从键盘输入三条信息，每输入完一条信息，则往文件中写入一条。程序中使用 sizeof 运算符计算出一条信息的字节数。程序后半部分以只读方式打开文件，然后一次读出三条信息。

程序运行结果如图 9-14 所示。

图 9-14 [例 9-11]程序运行结果

(四) 格式化读/写函数

fscanf 函数、fprintf 函数与前面使用的 scanf 和 printf 函数的功能相似，都是格式化读写函数。两者的区别在于 fscanf 函数和 fprintf 函数的读写对象不是键盘和显示器，而是磁盘文件。

这两个函数的调用格式如下：

fscanf(文件指针，格式字符串，输入表列)；

fprintf(文件指针，格式字符串，输出表列)；

例如：

fscanf(fp，"%d，%d"，&x，&y)；

执行结果是从 fp 指向的文件中读取两个整数到变量 x 和 y 中。

例如：

fprintf(fp，"%d%d"，100，200)；

执行结果是将 100 和 200 两个整数存放到 fp 指向的文件中。

注意：用 fprintf 和 fscanf 函数对文件读写使用方便，容易理解，但由于在输入时要将 ASCII 码转换为二进制形式，在输出时又要将二进制形式转换成字符，花费时间较多，占用系统资源较大。因此在数据量较大的情况下，最好不用 fprintf 和 fscanf 函数，而用 fread 和 fwrite 函数。

四、 文件的定位

上面介绍的对文件的读写方式都是顺序读写，即读写文件只能从头开始，顺序读写各个数据。有时用户想直接读取文件中间某位置的信息，若按照文件的顺序读写方法，必须从文件头开始读，直到要读写的位置再读，这显然不方便。为了解决这个问题可移动文件内部的位置指针到需要读写的位置，再进行读写，这种读写称为随机读写。实现随机读写的关键是要按要求移动位置指针，这称为文件的定位。文件定位移动文件内部位置指针的函数主要有两个，即 rewind 函数和 fseek 函数。

1. 文件头定位函数 rewind

函数 rewind 的调用形式如下：

rewind（文件指针变量）

rewind 函数的作用是将文件位置指针返回到文件指针变量指向的文件的开头。该函数无返回值。

2. 随机定位函数 fseek

fseek 函数用来移动文件内部位置指针，其调用形式如下：

fseek（文件指针，位移量，起始点）；

其中："文件指针"指向被移动的文件。"位移量"表示移动的字节数，要求位移量是 long 型数据，以便在文件长度大于 64KB 时不会出错。当用常量表示位移量时，要求加后缀"L"。"起始点"表示从何处开始计算位移量，规定的起始点有文件首，当前位置和文件尾三种。其表示方法如下：

文件首：SEEK_SET 或 0 表示。

当前位置：SEEK_CUR 或 1 表示。

文件末尾：SEEK_END 或 2 表示。

例如：

fseek（fp，20L，0）；

执行结果是将文件位置指针移到距文件头 20 个字节处。

fseek（fp，50L，1）；

执行结果是将文件位置指针移到距文件当前位置50个字节处。

fseek（fp，－80L，2）；

执行结果是将文件位置指针从文件尾向前移动80个字节。

fseek一般用于二进制文件，因为文本文件要发生字符转换，在计算位置时往往会发生混乱。

拓展练习：文件加密

设计一个对指定文件进行加密的程序，密码由用户输入。

加密方法：以二进制打开文件，将密码中每个字符的ASCII码值与文件的每个字节进行异或运算，然后写回原文件原位置即可。这种加密方法是可逆的，即对明文进行加密到密文，用相同的密码对密文进行解密就得到明文。此方法适合各种类型的文件加密解密。

分析：由于涉及文件的读和写，采用从原文件中逐个字节读出，加密后写入一个新建的临时文件，最后，删除原文件，把临时文件改名为原文件名，完成操作。

参考代码：

```
#include<stdio.h>
#include<stdlib.h>
#include<string.h>
void main()
{
 FILE *fp1，*fp2;
 char pwd[10]，ch，file[50]="文件加密.txt"，temp[50]="temp.txt";
 int i，len;
 fp1=fopen(file，"r");
 fp2=fopen(temp，"w");
 if(fp1==0|| fp2==0)
 {
     printf("无法打开文件\n");
     exit(0);
 }
 printf("\n请输入密码: ");
 gets(pwd);
 len=strlen(pwd);
 i=0;
 ch=fgetc(fp1);
 while(ch!=EOF)
 {
 ch=ch^pwd[i++];
 if(i==len)
 {i=0;}
```

```
    fputc(ch, fp2);
    ch=fgetc(fp1);
  }
  fclose(fp1);
  fclose(fp2);
  remove(file);
  rename(temp, file);
  printf("\n加密完成\n");
}
```

程序运行结果如图 9-15 所示。

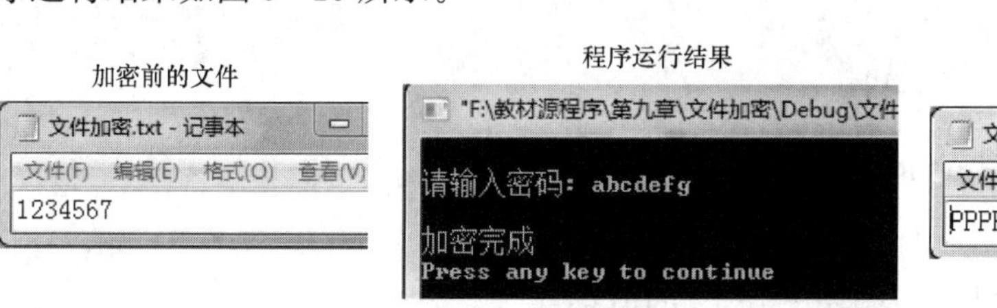

图 9-15 “文件加密”程序运行结果

小 结

本章结合两个案例主要介绍了几种位运算符及其运算规则、文件的概念、分类及常用的 C 文件处理函数。

程序中的所有数据在计算机内存中都是以二进制形式储存。在 C 语言中，位运算就是指直接对整数或字符型数据在内存中的二进制位进行操作。C 语言提供了 6 种位运算符，按优先级由高到低的顺序为～、<<、>>、&、^、|。

位运算符的操作数必须为整型或字符型数据。两个操作数类型可以不同，运算之前遵循一般算术转换规则自动转换成相同的类型，结果的类型是转换后操作数的类型。

文件是存储在外部介质的数据集合。从组织形式上，C 文件可分为文本文件和二进制文件。对文件的处理主要是指对文件进行读写操作。文件的读写方式有顺序读写和随机读写。

在 C 语言中，对文件操作的顺序一般分为 3 个步骤：打开文件、读写文件和关闭文件。打开文件的方式主要有只读、只写、读写和追加 4 种。文件的读写操作可以以字节、数据块或字符串为基本单位，还可以按指定的格式进行读写。打开文件用于建立指针与文件的关系，而关闭文件则撤销指针和文件的关系。

习 题

一、判断题

1. 用 C 语言可直接进行位运算，因此 C 语言是一种低级语言。(　　)
2. 参加位运算的数据可以是任何类型的数据。(　　)

3. 在一个数左移时被溢出的高位中不包含 1 的情况下，左移 1 位相当于该数乘以 2。（　　）

4. 有表达式 y=～5，则 y 的值等于－5。（　　）

5. 无论 x 的取值如何，关系表达式 x^x==0 的结果均为“真”。（　　）

6. 位段的存储位置与长度可以由程序员根据需要自由确定。（　　）

7. 使用 fwrite（）向文件中写入数据之前，该文件必须是以 wb 方式打开。（　　）

8. C 语言通过文件指针对它所指向的文件进行操作。（　　）

9. 函数 fseek（fp，n，k）中的第二个参数代表的位移量是相对于文件的开始来说的。（　　）

10. 为了提高读写效率，在进行读写操作后不应关闭文件以便下次再进行读写。（　　）

二、选择题

1. 以下程序段的运行结果是________。

char x=56; x=x&056; printf("%d,%o\n",x,x);

A. 56，70　　B. 0，0　　C. 40，50　　D. 62，76

2. 用双字节存储整数，表达式～0x13 的值是________。

A. 0XFFEC　　B. 0XFF71　　C. 0XFF68　　D. 0XFF17

3. 设有以下语句段：

char x=3，y=6，z; z=x^y<<2;

则 z 的二进制值是______。

A. 00010100　　B. 00011011　　C. 00011100　　D. 00011000

4. 语句“printf("%d \n", 12 &012);”的输出结果是________。

A. 12　　B. 8　　C. 6　　D. 012

5. 设“int b=2;”，则表达式（b>>2）/（b>>1）的值是________。

A. 8　　B. 4　　C. 2　　D. 0

6. 执行下面的程序段后，b 的值为________。

int x=35，b; char z='A'; b=（（x&15）&&（z<'a'））;

A. 0　　B. 1　　C. 2　　D. 3

7. 设二进制数 a 是 00101101，若想通过异或运算 a^b 使 a 的高 4 位取反，低 4 位不变，则二进制数 b 应是________。

A. 00000000　　B. 00001111　　C. 11110000　　D. 11111111

8. 以下函数不能用于向文件写入数据的是________。

A. ftell　　B. fwrite　　C. fputc　　D. fprintf

9. 设 fp 已定义，执行语句 fp=fopen（"file","w"）；后，以下针对文本文件 file 操作叙述的选项中正确的是________。

A. 写操作结束后可以从头开始读　　B. 只能写不能读

C. 可以在原有内容后追加　　D. 可以随意读和写

10. 下列关于 C 语言文件的叙述中正确的是________。

A. 文件由一系列数据依次排列组成，只能构成二进制文件

B. 文件由结构序列组成，可以构成二进制文件或文本文件

C. 文件由数据序列组成，可以构成二进制文件或文本文件

D. 文件由字符序列组成，其类型只能是文本文件

三、填空题

1. 在C语言中，& 运算符作为单目运算符时表示的是________运算；作为双目运算符时表示的是________运算。

2. 与表达式 a&=b 等价的另一书写形式是________。

3. 与表达式 x^=y－2 等价的另一书写形式是________。

4. 设有 char a，b；若要通过 a&b 运算屏蔽掉 a 中的其他位，只保留第 2 和第 8 位（右起为第 1 位），则 b 的二进制数是________。

5. C 语言中根据数据的组织形式，把文件分为________和________两种。

6 使用 fopen（"abc"，"r+"）打开文件时，若 abc 文件不存在，则________。

7. 使用 fopen（"abc"，"w+"）打开文件时，若 abc 文件已存在，则________。

8. C 语言中文件的格式化输入输出函数对是________；文件的数据块输入输出函数对是________；文件的字符串输入输出函数对是________。

四、编程题

1. 编写一个程序，由键盘输入一个文件名，然后把从键盘输入的字符依次存放到该文件中，用‘#’作为结束输入的标志。

2. 编写一个程序，建立一个 abc 文本文件，向其中写入“this is a test”字符串，然后显示该文件的内容。

3. 编写一程序，查找指定的文本文件中某个单词出现的行号及该行的内容。

4. 编写一个程序，将指定的文本文件中某单词替换成另一个单词。

附　　录

一、常用字符与 ASCII 码对照

附表 1　　常用字符与 ASCII 码对照

ASCII 值	字符	控制字符	ASCII 值	字符	ASCII 值	字符	ASCII 值	字符
0	null	NUL	32	（space）	64	@	96	’
1	☺	SOH	33	!	65	A	97	a
2	☻	STX	34	"	66	B	98	b
3	♥	ETX	35	#	67	C	99	c
4	♦	EOT	36	$	68	D	100	d
5	♣	END	37	%	69	E	101	e
6	♠	ACK	38	&	70	F	102	f
7	beep	BEL	39	'	71	G	103	g
8	backspace	BS	40	(	72	H	104	h
9	tab	HT	41	)	73	I	105	i
10	换行	LF	42	*	74	J	106	j
11	♂	VT	43	+	75	K	107	k
12	♀	FF	44	,	76	L	108	l
13	回车	CR	45	—	77	M	109	m
14	♫	SO	46	.	78	N	110	n
15	☼	SI	47	/	79	O	111	o
16	▶	DLE	48	0	80	P	112	p
17	◀	DC1	49	1	81	Q	113	q
18	↕	DC2	50	2	82	R	114	r
19	!!	DC3	51	3	83	S	115	s
20	¶	DC4	52	4	84	T	116	t
21	§	NAK	53	5	85	U	117	u
22	▬	SYN	54	6	86	V	118	v
23	↨	ETB	55	7	87	W	119	w
24	↑	CAN	56	8	88	X	120	x
25	↓	EM	57	9	89	Y	121	y
26	→	SUB	58	:	90	Z	122	z
27	←	ESC	59	;	91	[	123	{
28	∟	FS	60	<	92	\	124	¦
29	↔	GS	61	=	93	]	125	}
30	▲	RS	62	>	94	ˆ	126	~
31	▼	US	63	?	95	_	127	⌂

二、运算符的优先级和结合性

附表 2　　运算符的优先级和结合性

优先级	运算符	结合方向	含义	使用形式	说明
1（最高）	（）	自左至右	圆括号运算符	（表达式）　或　函数名（参数表）	双目
	［］		数组下标运算符	数组名［常量表达式］	
	·		结构体成员运算符	结构体变量．成员名	单目
	－＞		指向结构体成员运算符	结构体指针变量－＞成员名	
2	！	自右至左	逻辑非运算符	！表达式	单目
	～		按位取反运算符	～表达式	
	＋		求正运算符	＋表达式	
	－		负号运算符	－表达式	
	＋＋		自增运算符	＋＋变量名　或　变量名＋＋	
	－－		自减运算符	－－变量名　或　变量名－－	
	（类型）		强制类型转换运算符	（数据类型）表达式	
	*		间接（取值）运算符	*指针变量	
	&		取地址运算符	& 变量名	
	sizeof		求所占字节数运算符	sizeof（表达式）或 sizeof（类型）	
3	*	自左至右	乘法运算符	表达式*表达式	双目
	/		除法运算符	表达式/表达式	
	%		求余运算符	整型表达式%整型表达式	
4	＋		加法运算符	表达式＋表达式	
	－		减法运算符	表达式－表达式	
5	＜＜		左移位运算符	变量名＜＜表达式	
	＞＞		右移位运算符	变量名＞＞表达式	
6	＞		大于运算符	表达式＞表达式	
	＞＝		大于等于运算符	表达式＞＝表达式	
	＜		小于运算符	表达式＜表达式	
	＜＝		小于等于运算符	表达式＜＝表达式	
7	＝＝		等于运算符	表达式＝＝表达式	
	！＝		不等于运算符	表达式！＝表达式	
8	&		按位与运算符	表达式 & 表达式	
9	^		按位异或运算符	表达式^表达式	
10	|		按位或运算符	表达式 | 表达式	
11	&&		逻辑与运算符	表达式 && 表达式	
12	||		逻辑或运算符	表达式 || 表达式	

续表

<table>
<tr><th>优先级</th><th>运算符</th><th>结合方向</th><th>含义</th><th>使用形式</th><th>说明</th></tr>
<tr><td>13</td><td>?：</td><td>自右至左</td><td>条件运算符</td><td>表达式1？表达式2：表达式3</td><td>三目</td></tr>
<tr><td rowspan="11">14</td><td>=</td><td rowspan="11">自右至左</td><td>赋值运算符</td><td>变量名=表达式</td><td rowspan="11"></td></tr>
<tr><td>+=</td><td>加后赋值运算符</td><td>变量名+=表达式</td></tr>
<tr><td>-=</td><td>减后赋值运算符</td><td>变量名-=表达式</td></tr>
<tr><td>*=</td><td>乘后赋值运算符</td><td>变量名*=表达式</td></tr>
<tr><td>/=</td><td>除后赋值运算符</td><td>变量名/=表达式</td></tr>
<tr><td>%=</td><td>求余后赋值运算符</td><td>变量名%=表达式</td></tr>
<tr><td>&=</td><td>按位与后赋值运算符</td><td>变量名&=表达式</td></tr>
<tr><td>^=</td><td>按位异或后赋值运算符</td><td>变量名^=表达式</td></tr>
<tr><td>|=</td><td>按位或后赋值运算符</td><td>变量名|=表达式</td></tr>
<tr><td><<=</td><td>左移后赋值运算符</td><td>变量名<<=表达式</td></tr>
<tr><td>>>=</td><td>右移后赋值运算符</td><td>变量名>>=表达式</td></tr>
<tr><td>15
（最低）</td><td>，</td><td>自左至右</td><td>逗号运算符（从左向右顺序计算各表达式的值）</td><td>表达式1，表达式2，…，表达式n</td><td></td></tr>
</table>

三、C语言常用库函数

附表3　　数学库函数（头文件：math.h）

<table>
<tr><th>函数原型</th><th>函数功能</th><th>返回值</th></tr>
<tr><td>int abs（int x）；</td><td>计算|x|</td><td>返回整型参数x的绝对值</td></tr>
<tr><td>double acos（double x）；</td><td>计算 arccos（x）</td><td>返回x的反余弦函数值</td></tr>
<tr><td>double asin（double x）；</td><td>计算 arcsin（x）</td><td>返回x的反正弦函数值</td></tr>
<tr><td>double atan（double x）；</td><td>计算 arctan（x）</td><td>返回x的反正切函数值</td></tr>
<tr><td>double cos（double x）；</td><td>计算 cos（x）</td><td>返回x的余弦函数值</td></tr>
<tr><td>double exp（double x）；</td><td>计算 e^x</td><td>返回 e^x 的值</td></tr>
<tr><td>double fabs（double x）；</td><td>计算|x|</td><td>返回实数x的绝对值</td></tr>
<tr><td>double log（double x）；</td><td>计算 $\log_e{}^x$</td><td>返回 $\log_e{}^x$ 的值</td></tr>
<tr><td>double log10（double x）；</td><td>计算 $\log_{10}{}^x$</td><td>返回 $\log_{10}{}^x$ 的值</td></tr>
<tr><td>double pow（double x，double y）；</td><td>计算 x^y</td><td>返回x的y次方</td></tr>
<tr><td>double pow10（int p）；</td><td>计算 $_{10}{}^p$</td><td>返回10的p次方</td></tr>
<tr><td>double sin（double x）；</td><td>计算 sin（x）</td><td>返回x的正弦函数值</td></tr>
<tr><td>double sqrt（double x）；</td><td>计算 x</td><td>返回x的平方根</td></tr>
<tr><td>double tan（double x）；</td><td>计算 tan（x）</td><td>返回x的正切函数值</td></tr>
</table>

附表 4　　**输入输出函数（头文件：stdio.h）**

函数原型	函数功能	返回值
int fclose（FILE * fp）;	关闭 fp 所指的文件	出错返回非零值，否则返回 0
int feof(FILE * fp);	判断文件是否结束	文件结束返回非零值，否则返回 0
int fegtc（FILE * fp）;	从 fp 所指文件中获取一个字符	出错返回 EOF，否则返回所读的字符
char * fgets（char * str，int n，FILE * fp）;	从 fp 所指的文件中读取一个长度为 n－1 的字符串，存储到 str 所指的存储区	返回 str 所指存储区的首地址。若读取时遇文件结束或读取出错，则返回 NULL
FILE * fopen（char * filename，char * mode）;	以 mode 指定方式打开名为 filename 的文件	打开成功，返回文件信息区的起始地址。否则返回 NULL
int fprintf(FILE * fp，char * format，args)；	把参数表 args 的值以 format 指定的格式输出到 fp 所指的文件中	返回实际输出的字符数
int fputc（char ch，FILE * fp)；	将字符 ch 输出到 fp 所指的文件中	成功，返回 ch，否则返回 0
int fputs（char * str，FILE * fp)；	将 str 所指的字符串输出到 fp 所指的文件中	成功，返回非零值，否则返回 0
int fread（char * pt，unsigned size，unsigned n，FILE * fp）;	从 fp 所指的文件中读取长度为 size 的 n 个数据块存储到 pt 所指的存储区中	成功，返回读取的数据块的个数，若遇文件结束或出错，则返回 0
int fscanf(FILE * fp，char * format，args)；	从 fp 所指的文件中按 format 指定的格式读取数据，并将各数据存储到 args 所指的内存单元中	成功，返回读取到的数据个数，遇文件结束或出错，则返回 0
int fseek（FILE * fp，long offer，int base)；	将 fp 所指文件的位置指针从 base 位置移动 offer 个字节	成功，返回移动后的位置，否则返回 EOF
Long ftell（FILE * fp）;	计算出 fp 所指文件当前的读写位置	返回当前位置
int fwrite（char * str，unsigned size，unsigned n，FILE * fp）;	将 str 所指的 n * size 个字节的内容输出到 fp 所指的文件中	返回输出的数据块的个数
int getchar（）	从键盘上读取一个字符	成功，返回所读字符，否则返回 EOF
char * gets（char * str）;	从键盘读取个字符串，并存储到 str 所指的存储区中	成功，返回 str，否则，返回 NULL

续表

函数原型	函数功能	返回值
int printf（char * format，args）；	将输出表列 args 的值以 format 指定的格式输出到屏幕上	输出字符的个数
int putchar（char ch）；	将字符 ch 输出到屏幕上	成功，返回 ch，否则返回 EOF
int puts（char * str）；	将 str 所指的字符串输出到屏幕上，并将“\0”转换为回车换行符输出	成功，返回换行符，否则返回 EOF
void rewind（FILE * fp）；	将 fp 所指文件的位置指针复位到文件头	无
int scanf(char * format，args)；	从键盘上按 format 指定的格式输入数据，并将各数据存储到 args 指定的存储区中	成功，返回输入的数据个数，否则返回 0

附表 5　　字符函数（头文件：ctype. h）

函数原型	函数功能	返回值
int isalnum（int ch）；	检查 ch 是否是字母（alpha）或数字（number）	是，返回 1，否则，返回 0
int isalpha（int ch）；	检查 ch 是否为字母	是，返回 1，否则，返回 0
int iscntrl（int ch）；	检查 ch 是否为控制字符	是，返回 1，否则，返回 0
int isdigit（int ch）；	检查 ch 是否为数字（0～9）	是，返回 1，否则，返回 0
int isgraph（int ch）；	检查 ch 是否为可打印字符（不包括空格）	是，返回 1，否则，返回 0
int isprint（int ch）；	检查 ch 是否为可打印字符（包括空格）	是，返回 1，否则，返回 0
int ispunct（int ch）；	检查 ch 是否为除字母、数字和空格以外的可打印字符	是，返回 1，否则，返回 0
int isspace（int ch）；	检查 ch 是否为空格、跳格符（制表符）或换行符	是，返回 1，否则，返回 0
int islower（int ch）；	检查 ch 是否为小写字母（a～z）	是，返回 1，否则，返回 0
int isupper（int ch）；	检查 ch 是否为大写字母（A～Z）	是，返回 1，否则，返回 0
int isxdigit（int ch）；	检查 ch 是否为一个十六进制数字	是，返回 1，否则，返回 0
int tolower（int ch）；	将 ch 字符转换为小写字母	返回与 ch 对应的小写字母
int toupper（int ch）；	将 ch 字符转换成大写字母	返回与 ch 对应的大写字母

附表 6　　字符串函数（头文件：string. h）

函数原型	函数功能	返回值
char * strcat（char * str1，char * str2）；	把字符串 str2 接到 str1 后面，str1 最后面的“\0”被取消	返回 str1 所指字符串的首地址
char * strchr（char * str，int ch）；	找出 str 指向的字符串中第一次出现字符 ch 的位置	找到，返回该位置的地址，否则，返回 NULL

续表

函数原型	函数功能	返回值
int strcmp (char * str1，char * str2)；	比较 str1 及 str2 所指的字符串的关系	str1<str2，返回负数 str1==str2，返回0 str1>str2，返回正数
char * strcpy (char * str1，char * str2)；	将 str2 所指字符串复制到 str1 所指的内存空间中	返回 str1 所指内存空间的首地址
unsigned strlen (char * str)；	计算 str 所指字符串的长度	返回有效字符个数（不包括“\0”在内）
char * strstr (char * str1，char * str2)；	找出 str2 字符串在 str1 字符串中第一次出现的位置（不包括 str2 的串结束符）	找到，返回该位置的地址，否则返回 NULL
char * strlwr (char * str) ；	将 str 所指字符串中的大写英文字母全部转换为小写英文字母	返回 str 所指字符串的首地址
char * strupr (char * str)；	将 str 所指字符串中的小写英文字母全部转换为大写英文字母	返回 str 所指字符串的首地址

参 考 文 献

[1] 谭浩强.C程序设计［M］.5版.北京：清华大学出版社，2017.
[2] 李学刚，杨丹，张静，等.C语言程序设计［M］.北京：高等教育出版社，2013.
[3] 李刚，唐炜.C语言程序设计［M］.北京：人民邮电出版社，2015.
[4] 吴国凤.C语言程序设计［M］.北京：水利水电出版社，2017.
[5] 王娟勤.C语言程序设计教程［M］.北京：清华大学出版社，2018.
[6] 高立丽.C语言程序设计新编教程［M］.北京：清华大学出版社，2018.
[7] 周彩英.C语言程序设计教程［M］.2版.北京：清华大学出版社，2015.
[8] 耿红琴，姚汝贤.C语言程序设计案例教程［M］.北京：电子工业出版社，2015.